U0230791

等鹿来

〔美〕约翰·缪尔 著

张白桦 郝昱 徐国丽
袁晓伟 项思琪 译

北京大学出版社
PEKING UNIVERSITY PRESS

一 书 一 世 界

S b K

沙 发 图 书 馆

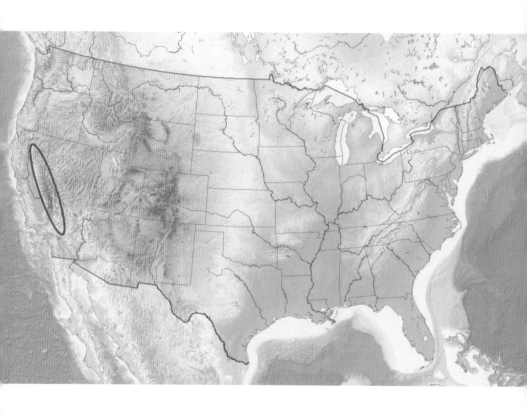

缪尔所游历探索的加州山区

缪尔小传

加州硬币上的缪尔像

约翰·缪尔（1838—1914）是一个苏格兰裔的美国人，一位卓越的博物学家，美国野生生态保护主义的先驱，一个思考自然的哲人。⋯⋯⊃

缪尔的照片，1902年

他描写自然荒野的散文，书籍和书信脍炙人口，尤其是在加州的塞拉内华达山脉的游历记录最为激动人心。包括约塞米蒂山谷、赫奇赫奇山谷、红杉树国家公园等绝美胜境。......

缪尔和西奥多·罗斯福总统的合影

他建立了塞拉俱乐部，如今已经成为美国最重要的环境保护组织，有两百多万会员。在塞拉内华达山脉中有一段340公里长的徒步旅行路线，以缪尔的名字命名，其他诸如一些森林、冰川、海滩、宿营地、公路、学校等也屡屡以他的名字命名。⋯⋯➤

缪尔通道的全景

缪尔1849年随父母移民到美国威斯康星州，他大学毕业后，就开始了游历自然的生活，每当川资用尽，他就会去找一个暂时的工作。1867年他在印第安纳波利斯的一家磨坊厂干的风生水起，但一次意外的眼睛受伤，险些让他失明，这对他触动极大，从此他更明确了自己的人生使命就是探索自然，研究植物。……

1908年William Keith笔下的赫奇赫奇峡谷

1867年他徒步1600公里，从印第安纳走
到佛罗里达。1868年他搭船去古巴，研
究当地的贝类和花卉，然后乘船去了纽
约，接着又去了加利福尼亚。此时他的
身份是美国海岸管理部门的一名官员。……

高山谷地形成的连续跌水瀑布——布雷达维尔瀑布

他到了加州山区之后，立刻被其壮丽的
景色深深震撼，他最先提请国会通过
建立国家公园的议案，在1890年得以通
过，从而建立了约塞米蒂国家公园，被
称为国家公园之父。他视塞拉为上帝的
山庄，是神圣之地，视大自然为人类真
正的家。……

缪尔之路的北端，壮丽的约塞米蒂山谷

他登临诸山，涉溪穿林，结庐其间，白天饱览山水，夜晚听水
著书。他在塞拉地区独自隐居了三年，期间箪食瓢饮，除了爱
默生的书，别无陪伴。渐渐地，他广博的博物知识，他对塞拉
山区的熟悉，他出色的叙事，吸引了众多科学家、艺术家等名
人前来拜访。包括爱默生本人也来了，虽然两人只相处一天，
但爱默生后来还是邀请缪尔去耶鲁大学任教，但缪尔认为自己
不应该为了一个大学教职而放弃上帝最伟大的秀场。……

缪尔之路的南端惠特尼峰

1879、1881年缪尔两次前往阿拉斯加探险，之后在加
州的Alhambra Valley经营了七年果园，1888年当他已
经诸病缠身时，仍然回到自然，去攀登华盛顿州的雷
尼尔山。大自然对他似乎有治疗的作用，每次回到荒
野，他就会立刻恢复健康。

76岁时他在看望女儿之后病逝。他的文学和哲学对后
世影响巨大，被美国人视为"美国荒野的守护神"。

动物生而自由（序）

人权完全不像哲学家和政治家所想象的那么有影响或重要。正如理查德·瓦萨斯乔姆（Richard Wasserstrom）说的："如果任何权利都是人权……它一定只配人才能拥有，也只能被人所拥有。"这种学说是反对奴隶制、种族歧视主义、性别歧视主义等等的强大武器。然而，如果其他物种的成员也具有对人来说极其重要的权利（如，自由的权利），那么，关于人权的全部话题就会变得不如先前那么有影响，而且，从道德的观念来看，我们还会明白：人和其他动物之间的差别几乎并不如我们通常所想象的那么重要。

一些哲学家认为，非人动物（有时候我会遵循通常的习惯，把他们简单地称为"动物"）完全没有权利，因为他们不是能够拥有权利的那种生物。我要论证的就是动物的确拥有权利（具体地说，他们拥有自由的权利）。

我们要遵循下列方法。首先，我们选择讨论我们认可的人所具有的那种权利；然后，我们要质问，人与动物之间是否存在相应的差别，这种差别是否会使我们否认动物的权利。如果不能证明的话，那么，我们正在讨论的权利就是既为人所有，也为动物所有的。

现在，让我来详细地阐述根据这种方法所获得的各种结果。《联合国世界人权宣言》（*The United Nations Universal Declaration of Human*

Rights）第五条指出，所有人都具有不受折磨的权利。人具有不受折磨的权益，因为他有感受到疼痛的能力，而不是因为他会数学或者做任何这类的事情。然而，兔子、猪、猴子也具有体验疼痛的能力。那么，不受折磨的权利就要为所有能感受疼痛的动物共享；所以，它不是人所特有的一种权利。此外，《人权宣言》第18条指出，所有人都拥有随其所愿的信教权。我认为，这是一条仅仅属于人而不能属于动物的权利，因为只有人才有宗教信仰，才有信教的能力。

不受折磨的权利和自由信教的权利是相对清楚，并不复杂的。但当我们思考一个更加复杂的权利，如财产权利，情况将会怎样呢？这里我们可以接着问一问，为什么我们认为人拥有这个权利？其根据何在？而且，相同的情形是否能够代表动物的利益？让我们来思考一下诸如洛克的财产权利观：

> 我们可以说，身体的劳作、双手的劳动，都确切地属于他自己。那么，无论他怎样消耗自然提供和赋予的这种状态，他都已经把他的劳动投入进去了，并把劳动和他自己得到的某些东西融为一体，并由此使之成为了他的个人财产……
>
> 他从橡树下捡拾橡果，从森林中的果树上采集苹果当作食物，他理所当然地把它们据为己有。……是劳动把这些（采集的）果实和那些（天然的）果实区分开来；劳动给这些（采集的）果实添加了某些比万物之母的自然已有的更多的东西。因此，它们就成了他的私有财产。

如果洛克的理论是正确的，那么紧接着就可以说：像松鼠这样的动物也有财产权；因为松鼠采集坚果作为他们食物的方式和洛克描写的人类劳动的方式是一样的。人和松鼠之间没有相应的差别：他们都是捡拾坚果，把它们带回家，存储起来，然后吃掉。因此，说人对他所采集的坚果有占有权，而松鼠却没有，是不合理的。

现在，我转而论述自由权。在现代史的大量宣言中，例如最为重要的三大宣言——《美国独立宣言》（*Declaration of Independence of the United States*）（1776）、《法国人权宣言》（*French Declaration of the Rights of Man*）（1789）、《联合国世界人权宣言》（1948），都把自由权看作是最基本的人权。事实上，每一个探讨过这个主题的哲学家都有过不懈的追求；我还没见过不把自由权作为首要权利的"人权"观。考虑到这点并记住，一些哲学家怀疑动物是否能够拥有任何权利，因此，发现他们在某些方面限定了自由（就当前的目的来说，自由〔liberty〕或自主〔freedom〕说的都是一回事），而在这些方面只有人类才可能拥有自由权，这是不足为奇的。如，J. R. 卢卡斯（J. R. Lucas）说道：

> 自由的要义是：一个理性主体，当他能够以其最好的方式，而不受制于外在因素干扰其行为之时去行动，就是自由的。

如果我们一开始就以这种方式去理解自由，那么，动物是否具有自由的权利这个问题就不会产生了，因为"理性主体"这个观念，很明显只有人在思维中才能形成。但是，同样明显的是，这个定义没有被当作关于自由的一个普遍定义，因为这个观念既适用于人，也适用于动物。一头狮子在其自然栖息地单独行动，是自由的，而他被关在动物园，就不是自由的。一只关在小铁丝笼的鸡就不如一只在农场空地上溜达的鸡更自由。一只鸟从笼子里释放出来，飞向蓝天是一种真正意义上的"获得自由"。因此，我们要对自由重新定义，消除这个定义倾向于人的偏见，其定义如下：

> 自由的要义是：一个生物，当他或她能够随其所愿，而不受制于外

在因素干扰其行为之时去行动，就是自由的。

这个定义很好地表达了我将涉及的关于自由的概念。按照前面所说，我们也许会继续追问：为什么认为人有这项权利？它的依据是什么？相同的或非常类似的情形是否能够代表其他物种的成员？

一种可能是把自由看作是一种自在的善，完全不需要再做进一步的证明。如果我们采取这种态度，那么我们也许要争论的是：人具有自由权，仅仅是因为他们有能力享用任何不可剥夺的内在善的权利。但是，这种推理过程将同等地应用于其他动物物种。如果我们把自由权赋予给人类，仅仅是因为他们有能力享受我们把自由当作自在善的某种东西，那么，我们也必须把自由权赋予给任何其他动物，因为他们有能力追求行动的这种方式而不是那种方式。

然而，并不是多数哲学家都对这种方法感到满意，因为他们中的大多数人认为，自由权可以看作来源于一个人更为基本的权利：不使某个人的利益因受到外来的限制而受到伤害。

但是，许多其他物种的利益同样会因缺乏自由而受到伤害。许多野生动物被关押在笼子里不能很好的生活是一个常见的事例：把他们从自然栖息地掳走并投进动物园，他们开始变得疯狂和抑郁起来。有些动物变得很凶残，极具破坏性。他们在关押中通常不会生育，即使是生育了，幼崽也常常不能存活；最后，许多物种的成员在关押中比在他们的自然栖息地死得更早。一本广泛使用的心理学教科书讲述了动物园里雌性狒狒被同伴撕成碎片，而在自然环境中，这种事情几乎不会发生。科学家们在关押动物对动物的影响方面进行了许多研究。其中70年代著名的恒河猴"绝望井"的试验证明了禁闭对动物的影响是终生的。

那些用来食用的动物也遭受了受到限制的痛苦。在被屠宰之前，奶牛一生在"饲养场"度过，被剥夺了任何放牧的生活，甚至适当的活动。小肉牛被限制在非常小的圈子里，甚至不能转身。更不用说养殖场里的鸡的处境了。

我们需要区分两件事：首先，我们需要区分该类动物他们的利益是否由于剥夺自由而受到损害；其次，我们需要确定在何种自由程度下，动物的利益才不会受到伤害。狮子（而不是小鸡），为了他们的繁衍需要在他们的自然栖息地设定完全的自由；然而，大多数昆虫的需要非常有限，以致他们完全不涉及自由的利益。

在这一点上，关于人类的高级理性的问题需要重新解释。因为，认为只有理性主体可以自由，也就是说，自由对理性主体具有特殊的重要性，而对非理性的生物却无关紧要，如此定义自由其实是一个错误。

在所有哲学家对自由"人权"讨论的著作中，几乎都可以找到各种形式的这种思想。关于这点我想做两个初步的评论。首先，这与我所具有的某种感情有关。关于大型动物如狮子或大象在动物园被展览，是非常可悲的事情，而且他们被降格为仅仅是为了人们欣赏的一种景象而已。我在这里提到的理由是，在过去，曾经缺乏"理性"的人类遭受了同样的命运。沙尔特（Salt）写道：

> 两、三个世纪以前，靠救济生活的人和精神病患者常常被关起来。孩子们也许就在保姆的带领下一起去"观赏"他们，而且这种景象是给人带来愉悦的某种事情。我曾听我妈妈讲过在萨洛斯伯里（Shrewsbury）的这种事情。保姆问："孩子们，今天我们要去哪儿啊？"孩子们就会嚷嚷道："噢，我们去看疯子，求求你了！"

我们大多数人会为此感到震惊，可以给出许多理由说明为什么这种做法是野蛮的。首先，因为它也许传授给孩子的是麻木不仁的态度。当然，面对动物的类似情景时，也会出现这样的效果。然而，难以相信我们最初的反应是经过这种思考的。这种景象充满了悲哀和侮辱。事实上，不管是精神病患者还是狮子，被展览示众几乎都是不合理的。其次，我对与自由价值的相关的各种推理表示普遍怀疑。正如哲学家们经常强调的，如果我们人类要去发展和行使作为理性主体的权力，拥有我们想要的生活，那么拥有自由就是必要的，这也许是正确的。但是，同样正确的是，对于许多非人的动物来说，如果他们以对他们来说是很自然的那种方式生活、繁衍；或者，简单地说，正是因为他们是各种各样的生物，他们才能认识到他们所具有的权益……那么，自由也是必要的。

综上所述，无论赋予给人类的自由权是怎样推理的，似乎都是同样适用于至少是某些其他物种的情形。那么，自由权，就不是"人"独有的一种权利。

詹姆斯·里查尔斯[1]

---

[1]　詹姆斯·里查尔斯（James Rachels），本文选自彼得·辛格、汤姆·雷根主编的《动物权利与人类义务》（*Animal Rights and Human Obiligations*）。中译本由北京大学出版社出版。

这世界不是为人类而生（自序）

我们都这么听说，这个世界是特意为人类创造的-——而这不过是一个未经事实验证的假设而已。在这个上帝的世界里，大量不同种族的人类无比痛苦和震惊地发现，竟然会有一些东西——不管是死物是活物——既不能吃，在某种程度上也没用。人类对造物主的意图怀有明确的成见，当他们把自己的主描绘得如同异教偶像的时候，几乎不可能为自己表现出的大不敬而愧疚。主被他们视为一个遵纪守法的开明绅士，支持共和制或者君主立宪制，信奉英格兰的文学和语言，是大英宪章、礼拜学校和传教会的热心支持者，就像任何廉价剧院里都有的木偶一样，也是纯粹的人工制造。

既然如此看待造物主，那么，对创世的各种错误观点甘之如饴就不足为奇了。观念这么统一的人们在看待诸如羊的问题时就觉得不难解决了——"它给我们供吃的和穿的，吃青草和小白雏菊，对羊肉和羊毛的索取大概就是我们人类在伊甸吃了苹果而惹出来的。"

出于同样的如意算盘，鲸鱼成了我们的鱼油仓库，同星星一起照亮我们黑暗的旅途，直到我们发现宾夕法尼亚的油井。植物呢，麻（hemp），显然就是为了渔船绳索、缠绕包裹和绞杀恶人而生。显而易见，棉花就是另外一个为了衣物而生的例子。铁是为了制作锤子、犁锄和子弹头而生。所有一切都是为我们而生，其他那些零零碎碎、无足轻重的小玩意就更不用说了。

　　但是我们不妨问问这些传授神意的学识渊博的人们，为什么会有吃人的动物呢？狮子、老虎和美洲鳄（alligator）为什么会向原始人张开血盆大口？为什么会有不计其数的毒性昆虫咬伤劳工噬饮鲜血？难道人类就是天生给他们吃喝的吗？哦，不是！根本不是！这些是与伊甸园的苹果和恶魔有关的未解之谜。为什么水会载舟覆舟？为什么有如此多的剧毒矿物毒害人类？为什么有这么多的植物和鱼类成了人类的敌人？为什么造物的主人要与他的臣民同样遵守生命规则？哦，所有这些都是邪恶的，或某种程度上与人类在伊甸园的罪有关。

　　今天，这些有远见卓识的好为人师者似乎从来没想过大自然创造动物和植物大概可能首先是为了每个物种的幸福，而不是只为了创造人类的幸福。为什么人类不把自己视为造物伟大单元中的一个小部分呢？如果某种生物对宇宙的完整性并不重要的话，上帝为什么会劳心劳力地创造他呢？宇宙缺少了人会不完整，同样地，缺少了透过显微镜能看到的最小生物，宇宙也会不完整，即使他们生存在我们骄傲自满的视界和知识之外，也是如此。

　　从地球的灰尘中，从能找到的最常见元素中，造物主创造了智人。从同样的材料中，他创造了其他生物，不管他们对我们来说是有毒的还是无足轻重的。他们是土生土长的伙伴和我们的同类。那些还在费力修补点缀现代文明的可怕正统人士，把那些同情心超越了我们人类种族边界哪怕一丝一毫的人都称之为"异端邪教"。在地球上这样胡作非为还不满足，他们还说，只有拥有了至高无上帝之国所规划的灵魂，人们才可以进入天国。

　　这颗星球，即我们美好的地球，在人类出现之前已经成功地在星际间走过了漫长的旅程。在人类命名之前，整个生物大王国也曾经享受过生命又化为过尘埃。当人类完成自己在造物计划中的角色以后，也同样会悄无声息地消失。

人们相信植物有着不显著也不确定的知觉，至于矿石则根本没有。但是为什么没有哪种矿物可以被赋予某种知觉来与我们这些盲目排外的完美主义者用某种方式交流一下呢？

我想我可能已经离题了。我用一两页来陈述，说明人类声称地球是为他们而生的，并且我也说了有毒的野兽、带刺的植物和世上某些地区致命的疾病都证明了这个世界并不是为了人类而生的。一个赤道动物被带到高纬度地区以后，他可能会因寒冷而死亡，所以我们说，这种动物在造物之初就没有想让他适应如此严酷的气候。但是当一个人到了疾病肆虐的热带染病而亡，他却并不能明白他天生就不适应这样致命的环境。反而，他会谴责造物之母，尽管她可能从来没到过热病地区，也没把这当成上天对自作孽的惩罚。

更有甚者，所有不能吃、不能被驯化的动物以及所有带刺的植物都是可耻的邪恶。根据牧师们的秘密研究，需要宇宙行星间的燃烧来进行化学清理。这么说来，人类也需要被清理，因为他们参与了大部分的邪恶。不仅如此，如果这宇宙间的熔炉也可以用来融化和提纯，使我们能和这大陆上其他的造物相融洽，这样一来，反复无常的"人族"或可以成为被虔诚祈祷的极致。但是，我十分高兴能够离开这些教会的火刑和错误，愉快地回归到大自然永存的真理和美丽中去。

目录 Contents

一

自由的野性

地球上最美的东西

赫奇赫奇
山谷，
Albert
Bierstadt绘

图奥勒米
山谷

鹿

　　生活在塞拉山上的鹿是黑尾鹿，他们在主林带下灌木丛生的苦寒之地度过整个冬天。猎人更愿意接近那片相对稀疏的森林，因为那是黑尾鹿返回山顶附近的夏日牧场的必经之地。鹿儿们不会等到积雪全部融化，而是在初春积雪刚刚融化时就上了山。6月的第一天，他们就到达了高高的山脊，一个多月之后就会到达峰颈最凉爽的隐蔽地。我曾经在被踩实了的雪地里跟踪了他们几英里，那积雪足有在3—10英尺厚。

1英尺=12英寸≈0.3米

　　鹿是卓越的登山家，他们走进环境最恶劣的山脉中心地带，不仅仅是为了找寻牧草，也是为了那里凉爽的天气，不仅如此，那里还是一个繁衍后代的安全隐蔽点。鹿并不是最厉害的攀岩者，他们屈居第二，第一的位置属于居住在最高峭壁和山峰上的野羊。尽管如此，山羊会经常碰到鹿，因为鹿总会爬上除冰川上之外的所有山峰，穿过成堆的石块，跨越汹涌澎湃的溪流以及浅滩和航道附近的陡峭的峡谷，而就连最厉害的登山者面对这些都会紧张万状。鹿攀爬时候的动作优雅自如，轻巧省力，令人赞叹不已。在陆地上随处可见各种各样的舒适自在、无拘无束的鹿——在高低不平或是平坦的草地、低地或是高地，沼泽地、荒地亦或是茂密的森林，以及不同气候的地区，所有的大陆上——不管那里是酷暑还是严寒。他们身体异常健康，步态轻盈，不管是站躺坐卧，走路还是逃命，他们的一生一直是那么的优雅无匹，这种迷人的动物，是大自然的荣耀。

我每次见到公园里仅有的鹿——黑尾鹿时，都会赞不绝口。也可能是因为我从来没带过枪吧，我见到的鹿都很悠闲自在——要么躺在悬崖峭壁边缘的棕色针叶下或山脉尽头的柏树（juniper）或偃松（dwarf pine）下居高临下地观赏着无边的风景；要么在丛林阳光明媚的林地吃草，讲究地挑出芳香的叶子和嫩枝，要么带着他们的小鹿从我前面走开，或者让他们伏下藏起来；要么从森林中跳过，好奇地一次次往前走，然后再退回来。

一天早上，我在卡维亚（Kaweah）一个丛林围绕的小花园里吃早餐，注意到一只母鹿在灌木丛里探头探脑，那双美丽的大眼睛凝视着我。我一动不动，她就大胆向前迈出一步，嘴里哼哼着，随即退回原地。几分钟后，她又步态优雅地回到这个空空荡荡的花园，后面还跟着两只鹿。在那儿炫耀了一会儿后，他们发出尖锐、羞怯的叫声，跳过树篱消失不见了。在好奇心的驱使下，他们又带了另一只鹿回来，4只鹿同时出现在我的花园。在确信我不会伤害他们之后，他们开始在那里吃草，事实上，又何尝不是在陪我吃早餐呢？那样子像是驯服柔顺的羊儿在牧羊人身边——是一次难得的陪伴，而他们的动作和姿势是那么的优雅啊。我如饥似渴观看着他们吃鼠李（ceanothus）和野莓果（wild berry），非常讲究地在树篱边四处挑选叶子，还不时从花园里的薄荷上咬下几片叶子。他们根本不去吃草，难怪印第安人会吃他们的胃里的食物。

一天傍晚时分，我在圣华金河南岔口上游大峡谷探险的时候，眼看天上就要下一场大雨，要找一个干燥的下榻之处，最终选定一棵高大的杜松，这棵树被雪崩压倒了，却还在倔强地支撑着，那宽大的躯干下的空间足够我躺了。就在我藏身处的下方，还有一棵杜松长在悬崖峭壁的边上，我仔细一看，下面有一个鹿穴，被下垂的树枝保护和隐藏得很好——这里既是休息处，也是一个好的避难所和监视哨岗。天黑前一个小时，我听到一只成年鹿清晰刺耳的喷鼻声，往下一看，只见在灌木丛生、岩石遍布的峡谷底部有一只心急如焚的母鹿，毫无疑问，她把小鹿藏在了附近。她跳过丛林，跳到更远处的斜坡上，时而停下脚步，回头看一看，听一听——一副特别警惕的样子。我一动不动地坐在那里，由于我衬衫的颜色和杜松皮颜色很接近，所以不容易被发现。不一会儿，她小心翼翼地向我这边走了过来，呼吸着空气，吃着草。她身手矫健，沿着大峡谷的一侧下来，动作优雅地跳过岩石堆、矮树丛和被砍倒的伐木。尽管她到处跳来跳去，却一点儿也不紧张，也不费力。她停在附近，焦急地东嗅嗅西嗅嗅，最后她闻到了我的气味。她立刻跳起来，消失在一丛小冷杉（fir）的后面。不久，她像之前那样警觉而好奇地回来了，就这样来回反复了五六次。在我坐在那里欣赏她的时候，一只道格拉斯松鼠（道氏红松鼠，Douglas squirrel）听到她慌乱嘈杂的声音兴奋起来，爬到我下边的一块圆石上，像我一样聚精会神地看着母鹿的一举一动。而一只活泼的花栗鼠（chipmunk），不知是因为过于焦躁还是饥饿，没有看母鹿的表演，而是在唐棣（shadbush）丛中忙乎他的晚餐——唐棣成熟的果实，轻轻地挂在细长枝上，看上去就像一只麻雀。

在印第安州的夏末，当小鹿长得强壮以后，5—15只或20只鹿聚集在一起，第一场雪暴来临之前，他们就开始了下山过冬的旅程。通常情况下，他们会在温暖的山脚下或距山顶10英里的山坡上消磨时光，一副难舍难分的样子。到了11月底，一场影响深远的暴风雪很快将他们沿着分水岭赶下山，领头的是一只经验丰富的老雄鹿，他对地势了如指掌。

鹿群一下山，印第安人就开始了重要的秋捕行动。因为懒得去人迹罕至的山凹处，他们就坐等着鹿群下山，然后在这里设下埋伏。

黑尾鹿

白尾鹿

驼鹿

驯鹿

这样还有一个好处就是，可以捕到成群结队的鹿。他们事先要做充分的准备工作，修理旧枪，浇铸子弹；猎人们还要洗澡，斋戒，对于他们来说，这样可以确保他们交好运。男女老少一起出发，中心露营扎在鹿群的必经之路上，不久之后那里就会被鲜血染红。猎人们满载而归，老太太和少女们对运气最好的猎人笑容满面，所有人都会变胖，心情都会愉快起来。男孩们戴着有鹿角的头饰，扮成雄鹿在那里打架玩耍，给辛勤劳动忙着打包鹿肉以备运输的妇女捣乱，藏在她们身后，把新鲜的兽皮从她们身边扔来扔去。像在所有地方一样，印第安人在这里也停止了捕猎，他们每年在山上搭建的红色帐篷也越来越少了。

野　羊

美洲大角羊又叫落基山脉羊（Rocky Mountain sheep，也叫加拿大盘羊），与内华达山脉（Sierra Nevada）上的野羊完全相同。贝尔德教授（Professor Baird）认为，大角羊从密苏里河（Missouri）上游和黄石公园（Yellowstone），一直分布到落基山脉（Rocky Mountains）东部斜坡带附近的高原，以及南部更远的格兰德河（Rio Grande），西边一直延伸到华盛顿州、俄勒冈州、加利福尼亚州的喀斯喀特山脉（Cascade）和海岸以及离墨西哥不远的高陵地带。

美洲大角羊是加利福尼亚州所有的登山动物中最优秀的，拥有敏锐的视力，健壮的四肢，以及非凡的勇气。他无忧无虑地生活在塞拉山高峰上。他可以毫发无损地在岩石间跳跃，穿越湍急的洪流和结冰的雪坡，经受狂风暴雨的洗礼，他勇敢地活着，并且伴随着一代又一代的进化，他们的力量和外貌日趋完美。从体形大小和分布范围来看，大角羊也许是所有野羊中最重要的品种。与其他野羊相比，大角羊的角弯曲得更匀称，但是在根部分得不是很开，角尖也离得更近一些。此外，也许普通盘羊的体形并没有那么大，但是，普通盘羊的很多重要特性在本质上与美洲大角羊都毫无二致，因此，很多优秀的自然学家称大角羊为"盘羊的变种"。根据居维叶（Cuvier）的推测，也许盘羊是经由白令海峡（Behring Strait）的冰面从亚洲来到加利福尼亚州，后来进化成为美洲大角羊的。

通常，人们认为家养绵羊的很多品种源自于不同的野羊品种，但这个观点至今尚未被证实。达尔文认为，绵羊在很久以前就被人类驯服了。与我们所熟知的绵羊品种相比，美洲的野羊品种在体形上要大两三倍，发育完全的野羊体重在200—350英磅左右。他们身上长的不是羊毛，而是类似于鹿皮的皮毛，又厚又粗糙，只有臀部的一小部分是精细羊毛。但是，尽管很粗糙，那些毛发却非常柔软，富有弹性，顺滑得如同用梳子和刷子悉心梳理过一般。经过多次观察，我发现这些粗糙的毛发中，有一些混杂着墨西哥羊（Mexican sheep）般的羊毛。他们的羊毛主要是棕灰色，随着季节变化会稍微有点变化；腹部和臀部那块最醒目的部分是白色的，尾巴又短又黑，两边是淡黄色的。公羊的角特别的大，大一点的直径有5—6英寸，弧形的羊角长度为2—3英尺，颜色呈黄白色，侧着看有脊，这一点与驯养的公羊（domestic ram）很相像。弯曲的双角先缓缓地是向后、向外长，再向前、向内长，直到双角形状形成一个3/4的圆形，又扁又硬的两个角尖相距2英尺。对去年夏天在圣华金河（San Joaquin）上游找到的两只公羊的测量结果如下：根部周长分别为13.5和16.25英寸；角尖距分别为22和24英寸。相对来说，母羊角更扁平，也没有那么弯曲，而且还要更小一些，曲线长度大概在6—7英寸。

除了体形大小、颜色、皮毛不同之外，我们还会注意到，绵羊在外形上很呆板，如同半死半活。野羊则像鹿一般的优雅，每个肌肉线条都生机勃勃；绵羊温和，野羊勇敢；绵羊毛发脏而乱，野羊毛发正如他所在的草地上的花朵一般干净整洁。

美洲野羊是蒙特雷（Monterey）天主教传教士皮科洛（Father Picolo）于1797年发现的，之后他将其描述为像1—2岁小牛那么大，外形像长着羊头和羊角的鹿。他还补充道："我吃过这种野兽的肉，

大角羊

叉角羚

肉质柔软而鲜美。麦肯齐（Mackenzie）在他的旅行笔记中也提到，他们像是一种野牛（buffalo）。一些精力充沛的印第安人总会在堡垒山（Castle Peak）和来逸峰（Mount Lyell）之间的山峰上捕羊，因为这里是塞拉山相对容易进入的地方。因为曾经在这里有过被猎捕的经历，羊儿们表现得十分机警。可是如果再往南边更远的地方，在圣华金河和国王河（King's River）许多蜿蜒曲折的分支的源头，也就是在白雪皑皑的山顶的荒野上，他们怕的却不再是猎人，而是狼。他们比起绵羊来更诚实，更容易接近。

在我对这些高山考察的近4年里，我对研究他们的习性很感兴趣。春天和夏天，公羊们自成一群，每群数量在3—20只左右，在冰川草地上沿路吃草或在城堡似的高峰悬崖上休养生息。不论是在吃草、栖息，还是在攀登悬崖找乐子，他们的形态总是那么高贵，完美地展现出他们发达的肌肉，令旁观者由衷地赞美不已。他们在选择栖息地的时候，似乎总根据阳光是否充足，视野是否开阔而定；最重要的是，是否能够避免狼的攻击。他们总是在塞拉山花园最美丽的地方吃草，那里有雏菊（daisy）、龙胆（gentian）以及盛开的灌木丛。他们隐藏在阳光普照的高峡险谷的两侧或者在山谷下长满青草和松毛翠（purple heather）的湖边和溪边。在这些美丽的高山花园里（Alpine garden），还长着茅香（sweet grass）。除了美味的树叶、各种灌木和荆棘的嫩芽外，野羊很少吃其他东西，也许他们也在挑剔食物的口味和品相吧，尽管人类很晚才猜测出野羊的眼里不是只有草。冬季，当暴风雪降临的时候，他们的夏日草场白雪覆盖，这时，他们就会像东蓝鸲（blue-bird）和知更鸟（robbin）一样，勇敢地聚集在一起，共同奔赴更温暖的地方，通常是下到山脉东侧那狭窄的、长满桦树（birch）的峡谷里，那里通向艾蒿平原（the sage plain），是一个海拔在5000—7000英尺、降雪量永远大不了的地方。他们在那里暂时停歇，直到在春日和煦的阳光照耀下，峡谷冰雪消融，阿尔卑斯山（Alps）一望无际的草地上春暖花开。

此处阿尔卑斯山并非欧洲的同名山脉。

在六七月的时候，他们在远离鹰巢，孤高难企的悬崖峭壁上繁衍后代。我常常会在海拔12000—13000英尺高的地方于不经意间发现母羊和羔羊的巢穴，这些巢穴仅仅是松散的碎石堆里一个椭圆形的洞，那里阳光充足，视野很开阔，一些地方能遮挡从悬崖峭壁上刮来的呼啸不已的风。这就是这个小家伙的摇篮——高高地挂在空中，云遮雾蔽，在暴风雨中飘飘摇摇，而他，就在这稀薄而冰冷的空气中酣睡。不过，他长着厚厚的皮毛，还有温暖而强健的母亲的哺育，使他远离老鹰的利爪和狡猾的郊狼（coyote）的尖牙，小羊迅速长大了。他渐渐学会啃紫雏菊（purple daisy）和白绣线菊（spiraea）的叶子；他的角开始生长，夏天时节，他的角就长全了，身体也渐渐强壮，身手也敏捷起来，他跟随羊群走出去，享受着上帝神圣的爱，与人类的那些在暖炉边更加无助的小羊所受到的眷顾一样。

据说，与攀爬阿尔卑斯山的欧洲野羊（ibex）一样，美洲大角羊勇敢地跳下峻峭的山崖，用那双灵活的大角着地。我知道，只有两个猎人曾经亲眼目睹过这样的壮举，我却没有这样的幸运。他们描述那一动作，说就像是头朝下跳水，我曾经带着这个问题观察过几只羊角，前部确实是磨坏了，底部很大，把羊头的上部分都遮住了，几乎和双眼在同一水平线上。此外，野羊的头盖骨比公牛的还要结实，在里特山（Mount Ritter）上，我用破冰斧敲打一个已经变白的野羊头盖骨，敲了十几下都没有敲碎。如此坚硬的头盖骨，根本就不会轻易在动作激烈的"岩石跳水"中断裂，但是，野羊其他部位的骨头却有可能因此而断裂。当野羊撞在一块凹凸不平的岩石上以后，对身体产生了阻力，即使是大角公羊也不可能再使用撞在光滑岩石上的办法了，更不用说大角母羊了。也许他们会竭尽全力一跳，来减轻对四肢的撞

雏菊

击，以角抵住碰上的任何岩石，来缓冲身体继续向前俯冲的力量，就像登山的人用双手所做的那样。

　　登山者很容易觉察到塞拉山上动物很少。但是，有没有这样的可能，就是动物一直都是独来独往，不慌不忙或者悄无声息地走在远离小路和驼队的路上呢？人们很快就会明白，自然资源这么丰富的高山是不可能没有动物栖息的，而一些既轻信又温顺的动物还巴不得让人们发现他们呢。去年九月份的时候，我沿着圣华金河南岔口，从荒凉的峡谷一直走到最远处冰冷的喷泉。深秋初冬之交，阳光和煦，普照大地，松鼠在松林中采拾坚果，蝴蝶在花园里的最后几根枝条间徘徊不去，柳树、枫树林都变成了黄色，草地也变成棕色，一派丰收的景象，就像一张洋溢着深深幸福的脸庞。在奔赴岩石密布的河畔路上，我看到一个长满牧草的峡谷，有2英里长、半英里宽，像约塞米蒂国家公园（Yosemite）一样，花岗岩团团围绕，如诗如画。一条溪流蜿蜒曲折，流过小树林和草地。这个小约塞米蒂公园里，野生动物四处可见。一路走来，只见母鹿带着小鹿在灌木丛中跳来跳去，根本停不下来。松鸡（grouse）展开翅膀从棕色的草地上飞起，落在白杨树或松树低矮的树枝上，这样很容易让人接近，他似乎也乐意被人发现。一只宽肩野猫炫耀着自己，从小树林里蹿出来，从被水淹没的伐木中间穿过。身轻如燕的花栗鼠（tamias）在松针和结籽的草地上敏捷地蹦来蹦去。鹤（crane）在河湾浅滩上吃力地走着。翠鸟（kingfisher）鸣叫着辗转于一个个枝头。幸福的美洲河乌（乌鸫，ousel）在瀑布溅出的水花中歌唱着。黄昏时分，我还在这些小动物中间徘徊不去，直至夜幕降临，我才摆脱了他们的魔力，在附近的河边找了个露营地点。我在山杨（aspen）树林里的黄叶上安眠了一夜，第二天醒来以后继续前行，只见身边的风景愈加美丽动人，生命更加绚丽多彩。风景变得越来越有高山特色，这里的糖松（sugar-pine）和冷杉（silver fir）

修条高举，但不畏严寒的雪松（cedar）和矮松（dwarf pine）则更胜一筹，峡谷两岸的悬崖也更加参差不齐、植被稀少，河岸两边的龙胆却越来越多。下午，我到了一个满目荒凉的山谷。一眼望去，俨然是另一个小圣华金河约塞米蒂公园，只是两边的峭壁更加险峻，比河流的水位高2000—4000英尺。山谷谷顶河流的分叉口与约塞米蒂公园里提到的那条河流一样，都是由两条巨大的冰川形成的，而这两条冰川发源于汉弗莱山（Mount Humphrey）、艾默生山（Mount Emerson）以及更靠南的山脉。在冬日将尽的时候，山谷的盆地先是变成了一个湖，随后成了一片草地，再后来那里就堆满了大水冲过来的岩石和伐木，长满了荆棘和绿草，这就是现在的约塞米蒂公园——这里到处都是野羊——他们的痕迹在长满荆棘的小道和峡谷边随处可见。

　　小河欢乐地奔腾着，流下山谷，在震耳欲聋的声响中我听到了瀑布发出的隆隆声，这驱使我继续前行。圣华金河若隐若现地出现在山谷前茂密的小树林里，我站在那里凝视着河的源头——一个壮观的瀑布。我仔细观察下面那个浪花澎湃的陡峭斜坡，看到一个弯弯曲曲的裂缝，我经由那里爬上了一个窄窄的平台，平台横跨峡谷，将这个瀑布从中间分开。我坐在这里歇了歇，在我的笔记本里记下几条信息。我利用位置居高临下的优势，回头看着这片优美风景的中心，却一点也没注意到我身边有什么异样。碰巧，就在我观看小瀑布的时候，看到了在几码远外有3只羊注视着我。突然映入眼帘的是人、山或是瀑布，都不可能像他们这样吸引我的注意力。我兴致勃勃，急不可待地想利用这个难得的机会仔细观察一番。我忙不迭地记下了他们结实的四肢那平滑的起伏，他们体型的大小，皮毛的颜色，耳朵，眼睛，头部以及健壮、笔直的腿，优雅、丰满的脖颈，还有向上弯曲着的圆弧形双角。我凝视着他们移动时的一举一动，但是，他们却不怕受到我的注目，也没有被湍急的水流声吓到。他们慢慢悠悠地走到急流的上方，还不时地回头看看我。不久，他们猛地冲向陡峭的冰坡，在几次急促的跳跃之后，在一阵急剧地啪啪声中，他们的蹄子落了下来，就这样，他们不费吹灰之力就上去了，这是我所见到的最令人震惊的登山壮举。就在几天前，突如其来的雪崩造成峡谷的一侧下陷，路面崎岖不平，我的那头平日谨慎小心、打着铁掌的骡子摔倒在了路上。有很多次，我只好把鞋袜系在腰带上，小心翼翼地爬上一个相对容易爬的缓坡。正因此，我怀着深厚同情看着这些山行的生灵前行，并且为他们呈现出的十足的动物本性感到高兴。几分钟过后，就在我还沉浸在极度兴奋之中的时候，在高高的瀑布底下，我又看到了一群羊，大概有十几只吧。我和他们都在河的同一侧，他们离我只有25—30码远，看上去是那么的完美、冷静、欢快，与此地成了天造地设的绝配。我走进峡谷的时候，他们成群结队地在峡谷里吃草，然后匆匆忙忙地爬上一个制高点，环顾四周确认安全以后，就分成了两队，其中3只爬上了瀑布一侧，剩下的那只爬上了另一侧。就在我观察他们不久，数量稍多的那队在一只有经验的头羊带领下开始穿过急流。横穿巨石密布的湍急河流，这对于人来说都绝非易事，可是这些无人管理的羊儿在岩石间不停地跳跃，在湍急的水流上仍然保持着优美的姿势，好像这些对他们来说轻而易举似的。在这罕见的风景中，距离我最近，也是最醒目的，就是被冰雪冲刷得光溜溜的花岗岩，裂缝中长着石蕨（rock-fern）和线香石南（bryanthus）。灰白色的峡谷两岸的石壁上都是雕刻，相当的壮观，棕色的雪松和松树使得雕刻更加生机勃勃；远处，高山直耸入云，蓝天呈现出淡淡的蓝色；在中央，白雪皑皑的瀑布集中了所有的天籁之音和灵魂，就连两边的灌木都发出的轰隆声向她致意。在前边，勇敢的羊儿的那灰白色的身影在瀑布溅出的水花中若隐若现，近看却轮廓非常清晰，在白色的瀑布下，他们又大又硬的角恰似枯死的松树向上翘起的根一样——落日余晖洒在峡谷

1码=3英尺≈0.914米

加州橡树的树皮
（加州黑栎）

冷杉

红杉

铁杉

约塞米蒂
山谷的秋
天

约塞米蒂
山谷的溪
流常有鲑
鱼

里，给世间万物都蒙上了金黄色。

这些无畏的野羊穿过了河流以后，随即在他们头羊的带领下开始攀登峡谷两岸的山壁。他们忽而向右，忽而向左，列成长队向前走，在悬崖上跳跃着；他们忽而爬上光滑的圆石顶上，忽而在绝壁边缘行走，有好几次在光滑的平顶石上停下来，好奇地歪着头盯着我看，想要弄明白我是否要跟着他们。当他们到达1500—2000英尺高的山壁顶上时，我仍然可以看到了他们在那里徘徊的身影，三两成群的羊儿为这高高的悬崖增添了无限生机。在整个上坡的过程中，我都没有看到过他们走错一步或者白费力气。我常常在山上看到家养的羊在东倒西歪的岩石上跳跃，战战兢兢地坚持几秒钟以后，就犹犹豫豫地退回原地。但是在最艰难、最危险的境地中，只要有丝毫差池，就会给野羊们带来灭顶之灾啊，然而，他们却能凭借自己的力量和技能安全度过，他们似乎从来都不知道自己有什么劣势。

此外，野羊群里的每只羊都对头羊心悦诚服，认为头羊非常完美，经验丰富，有能力独立攀爬——一个完美的个体，任何时候需要让他脱离羊群，他都有能力单独生存下去。但是头羊只是羊群里的很小的一部分，而羊群是一个整体，就像是一个完整的向日葵花需要有很多的小花构成是一个道理。头羊需要对山里的各种危险非常熟稔，还要夜以继日地守护虚弱的羊群，防止被熊或暴风雨冲散，像被风吹散的谷壳一样散落在岩石间。在一定程度上，头羊应该庆幸自己拥有很强的独立的能力，以及野羊与生俱来的高贵个性。

在加利福尼亚州有3种鹿——黑尾鹿（black-tailed deer），白尾鹿（white-tailed deer）和长耳鹿（mule-deer）。黑尾鹿（哥伦比亚鹿属，*Cervus columbianus*）是目前最常见的鹿，在夏季，人们常常会在冰川高原上的草场和较高的森林外碰到野鹿群；但是，作为森林动物，黑尾鹿总是在茂密的灌木丛中栖息和繁衍后代，他很少在他们地势更高的

长耳鹿实际上是更大的类，黑尾鹿是其亚种。

巢穴附近碰到野羊。而在鼠尾草平原的边缘过冬的时候，却会偶然碰到根本不会爬山的岩羚羊。马鹿（elk）仍然在塞拉山下生存，可是我却怀疑野羊有没有见过他。

elk在亚欧大陆指的是驼鹿，在北美指马鹿。

也许，世界上所有的动物都有天敌吧，但是，生活在高山上的动物的天敌却比生活在低地上的动物的天敌要少得多。美洲狮（panther）可以在岩羚羊和鹿身边出没，却基本上无法到达野羊所在的崎岖的地方，就连猎人也很少能够猎杀到野羊。野羊基本上都不会在骤降的暴风雪中死亡。去年夏天，我在冰川草原上发现好像有两只野羊在暴风雪中死亡；还有3只野羊的尸体在"血腥峡谷"（Bloody Canon）的冰雪中被冻僵了，应该是在几年前的隆冬，在路过此地的莫诺关口（Mono Pass）这条必经之路时，被人用斧子砍杀的。熊总体说来算不上是野羊的天敌，因为有时他会为了羊肉而遗弃浆果和橡果（acorn），他更喜欢寻找家养的、无助的羊。老鹰和郊狼偶尔也会袭击一只缺乏保护的羔羊或者不幸困在雪里的羊群，但这只是偶然事件。而面对大自然永远贪婪的敌人——人类来说，野羊却不太惧怕，因为人类与天使、群星一样，大都居住在遥不可及的天边。萨克拉门托（Sacramento）和圣华金河边的黄金平原最近到处可见成群的聚集起来的岩羚羊群，因为那里既富饶又易于进入，而这正是人工牧场所需要的。那里还有高山、山谷、森林和草地，鹿吃草很方便。但是，距离他到野羊的高地城堡吃草，还要有很长时间。请记住，生活在这里的高贵动物在人类到来之前就会很快消失，所有喜爱野生动物的人都会与我一起为塞拉山上最勇敢的登山者——加州野羊，能够安全地生活在到处是岩石的山上而高兴。

美洲狮又称美洲金猫，与非洲猎豹是近亲，属于猫科下面的猫亚科，而狮子、老虎、美洲虎则属于豹亚科。

猎食者

熊

　　塞拉熊（Sierra bear），颜色呈棕色或灰色，是动物中的珍稀物种，相当于植物中的红杉，他们在约塞米蒂国家公园翻山越岭，尽管并不为大多数游客所喜闻乐见，但他们的踪迹却随处可见。他们穿越雄伟的森林与峡谷，应对着各式各样的风霜雨雪，为自己的力量而愉悦。他们四海为家，与一棵棵树、一块块岩石，以及茂密的树林和谐相处。这些快乐的家伙！他们的足迹留在在一个个令人心旷神怡的地方——银杉树林中的百合花花园，绵延几公里、一望无际的各种各样的灌木林，波澜起伏的高山上，山谷里，溪流两岸河床上盛开的花海。峡谷里乐音声声，瀑布处处，美丽的公园宛若伊甸园，在这些美景里，人们希望迎面而来不期而遇的是天使，而不是熊。

　　对于他们来说，这片快乐的圣地上不存在饥饿。一整年，他们都有着充裕的口粮，他们所钟爱的千百种食物一年中都是应季的，都是手到擒来的。如果把大山比作食品商店的话，这些食物就好像是货架上的商品。从这座山到那座山，从这个山顶到那个山顶，从一种气候地区到另一种气候地区，他们爬上爬下，大快朵颐，轮番吃个遍，就好像从南走到北，游历了不同的国家，遍尝了各式各样的食物。对于他们来说，除了花岗岩之外，没有什么是不能吃的：每种树、每种灌木、每种草，无论是带花儿的，还是带果儿的，叶子也好，树皮儿也罢，都可以填进他们的肚子。小动物也不例外，任是谁都逃不出他们的手掌心——獾（badger）、囊鼠、地松鼠、蜥蜴、蛇等等，还有蚂蚁、蜜蜂、黄蜂，不论是老是嫩，连蛋带窝带巢都吃掉。他们把食物撕碎，悉数吞入到他们那不可思议的肚子里，那些食物就好像被丢进了一团火，消失了。这是怎样的一种消化能力啊！他们吞下一只新鲜的羊、一只受伤的鹿或是一头猪的速度，与一个小男孩吞下一个黄油松饼差不多。倘若他们吃的肉是一个月之前死的动物，他们仍旧会甘之如饴。前一餐若是进食了这种恶心的肉，下一餐或许会选择吃一些诸如草莓、三叶草（clover）、蘑菇、悬钩子（raspberry）、熟了的橡果和紫叶稠李（chokecherry）一类的食物。有时，好像他们会担心自己地盘上的食物会因为怕被自己吃掉而跑掉，他们也会私闯民宅，找些糖、干果、腌肉一类的食物吃。

有时，他们甚至会吃掉守山人的床，但是当他们已经美美地用过更美味的一餐以后，他们通常不会动床，尽管人们早就知道：他们曾经从屋顶上的天窗把床拉出去，然后放在树下，躺在床上，美美地睡过午觉。塞拉熊可以把一切填进肚子，但是从来不会成为别人的腹中餐，但是人类除外，人类是他们唯一惧怕的敌人。"熊肉"，一位我调查过的猎人说道，"熊肉是山里最优质的肉类。他们皮可以做成最舒适的床，油脂可以做成最美味的黄油，缺少了这种黄油的饼干吃起来就像豆子一样乏味，两块这种黄油制成的饼干可以支撑一个人走上一整天。"

我跟塞拉熊第一次会面时，我们双方都十分恐惧和尴尬，但是，他们表现得比我要好一些。当我发现他们的时候，他们正站在一条不算宽阔的草地上，我则在草地一侧的一棵树背后躲藏着。他们站在那里休憩，我观察过他们之后，猛地向他们冲过去，试图吓唬吓唬他

约塞米蒂
标志性的
半圆顶峰

约塞米蒂
的北圆顶
峰

们，让他们跑起来，以便观察他们的步态。和我所听到的所有关于熊很害羞的论断截然相反，他们站在那里，纹丝没动。我在距他们几步远的地方停了下来，而他们表现出来捍卫自己领地的战斗气概，这时我发现自己的错误已经再明显不过了。我赶紧换上一副和善的面孔和举止，此后再也不敢忘记野外应有的规矩了。

这次经历是我在去北部约塞米蒂山谷的时候发生的，这是我第一次在塞拉森林远足。我十分渴望遇见动物，他们中的多数都会朝我走来，好像很愿意表现自己，很想与我熟识，但是熊却一直在回避我。

一位年长的登山者在回答我问题的时候对我说，除了冷酷的灰熊（grizzly）之外，其他的熊都是非常害羞的，我在山中行走很多年可能也不会见到一只，除非我能潜心研究，掌握猎人的秘密追踪方法。然而，得知这一点后不到几周的时间，我就遇到了刚刚提到的那只熊，现场领教了他。

我在距离约塞米蒂后方大约1公里的地方扎了营，这里紧挨着一条流经印第安峡谷（Indian Canon）而最终落入山谷的溪流。一连几个星期，我每天都会登到北边的圆顶山（North Dome）上去绘图，因为这里可以有开阔的视角，可以俯瞰山谷，这是绘制所需要的，此外我又迫切想画清楚每一棵树、每一块岩石、还有每一片瀑布。我的好伙伴卡罗，是一条圣伯纳犬（St.Bernard dog）。他是一个善良、伶俐的家伙，他原来的主人是一个猎人，整个夏天都不得不留在炎热的平原上，所以把狗借给我一个季节，这样他的狗就可以留在山里这个环境更好的地方了。卡罗对熊很有经验，也正是在他的带领下，我才跟熊有了第一次接触。不过，和熊一样，他对我那不像猎人的表现同样感到十分惊讶。在一个6月的清晨，阳光刚刚透过树叶洒落下来，我出发去圆顶山开始了一天的绘制工作。在我还在没走出营地半英里的时候，卡罗开始东闻西嗅了起来，谨慎地目视着前方，毛茸茸的尾巴也低了下来，耳朵也垂了下来，同时开始像猫一样轻轻地踱着步子，每过几码就会回过头来看着我，脸上生动的表情很明显的在传递着："前方不远处有只熊"。我按着他指出的方向小心翼翼走着，直到到达一片我所熟悉的繁花似锦的草地。接着，我匍匐着前进，爬到了一棵位于草地边缘的树下，之前听到的关于熊很害羞的话顿时涌上心头。

透过树的遮挡小心地望过去，一只结实的浅黄褐色大熊映入眼帘，他就在离我30码的地方，半直立着，爪子搭在一棵倒在草地上的冷杉树干上休息，他的臀部几乎掩埋在了一片花草中。他聚精会神地听着周围的动静，极力地捕捉着四周的气味，看得出在某种程度上已经察觉到了我们在靠近。我观察着他的一举一动，充分利用自己的条件来了解关于他的一切，因为担心着他不会在这里停留太久。在他身后，世界上最美的冷杉树构成了一堵墙，这堵墙里有一个洒满阳光的花园，他就在这花园里警惕地站立着，构成了一幅美丽的画卷。

就这样仔仔细细、从容容地观察了他一会儿，我注意到他那尖尖的口鼻似乎好奇似地向前探了探，又长又蓬松的毛搭在他宽阔的胸前，硬硬的耳朵几乎被毛发遮住。他的头缓慢而沉重地转动着，我愚蠢地向他冲了过去，扬起手臂大喊大叫想吓唬吓唬他，看看他跑的样子。但是他对于这一表演并不在意，只是把头朝前又伸出了一些，用犀利的眼光盯着我，似乎在说："你要怎样？你要是想打架，我都准备好了。"我开始感觉到害怕，要跑。但是我又很害怕逃跑，担心他会因为我跑受到刺激来追我，因此，我坚守阵地，隔着约12码的距离盯着他，脸上尽量现出英勇无畏的表情，祈祷人类的眼神能够收到人们说过的那样伟大的效果。在这样剑拔弩张的情形之下，似乎这个照面持续了很长一段时间。最终，熊看我如此的坚定，淡定地把大爪子从树干上挪了下来，抛给我一个犀利的眼神，似乎在警告我不要跟着

黑熊

棕熊

他，随后便转身离开了，缓慢地走到草地里，进入了森林。他每走几步便会回头看一下，确保我没有趁机从背后对他发起攻击。我非常高兴与他告别，连他艰难的穿过百合丛和美洲耧斗菜（columbines）慢慢消失的画面都让我都非常享受。

从那时起，每每接近熊时，我都会向他们表现出我的敬意，但他们仍然是对我敬而远之。不过，从那之后，他们常常会在半夜造访我的营地，而我记得与熊在白天近距离接触也不过只有一次罢了。这次我见到的是一只灰熊，真是太幸运了，我跟他的之间距离比上次跟那只黄褐色的还要近。尽管这只灰熊不算大，但是在距离不到12码的地方观察，还是令人生畏的。他身披浓密的灰色皮毛，头部差不多算是白色。当我第一眼看到他时，是在距离差不多75码的地方，他正在一棵橡树（Kellogg oak）下吃橡果，我试图不打扰他偷偷接近。但是他好像是听见了我踩到碎石上的声音，或是闻到了我的气味，竟然直奔我而来，每走过一根树干，就会停下看一看，听一听。我担心我起身逃跑会被他发现，我就匍匐前进了一小段，然后躲在了一棵肖楠（libocedrus）后，希望他经过的时候不会发现我。很快，我看见他朝我相反的方向走开了，站在那里向前看着，而我则透过皱巴巴的树干偷窥着他。可是最后，他还是转过了头看见了我，用犀利的目光盯了我一两分钟，随后，警惕且高贵地消失在了一个灌木丛覆盖的地震造成的碎石坡后面。

你如果把熊类厚重宽大的爪子考虑进去的话，就会发现他们对于野外环境的破坏确实是微乎其微。在灌溉良好的中部地区的花园里，在天气温暖的时时候，他们甚至会在这片花草生长得最繁茂的草地上打滚，即使是这样，他们对草地的破坏也没有那么明显。相反，在大自然的指引下，这些体型庞大的动物们往往充着当花园守护者的角色。在铺满针叶与灌木的森林地表，在粗糙的冰川草甸的草地上，熊并没有留下一丝痕迹，但是，在湖边岸上的沙地上，他们硕大的脚印构成了一排排美丽壮观的刺绣。他们很长时间以前留下的一些脚印遍布中央峡谷的两侧，虽然有些地方布满了灰尘，但是这些脚印并未给土壤带来不可恢复的印记。为了够到松子和橡果，他们对松树和橡树的树枝又咬又扯，但是由此对树枝产生的破坏却不明显，所以很少会有登山者注意到。在觅食蚂蚁的过程中，为了掏出倒下的树干里的蚂蚁窝，他会把整整齐齐盖满地衣的腐烂树干撕烂。但是散落一地的碎屑会被雨水冲开，或被大雪和倾斜的植物掩盖，很快就恢复了常态。

有多少熊以约塞米蒂公园为家，可以通过两个最出色的猎人邓肯和老大卫·布朗猎杀的熊的数量大致推测出来。大概在1865年，邓肯开始以第一猎熊者而闻名。当时，他在树林中漫游，捕猎，对默塞德（Merced）的南岔地区进行侦查。一个朋友告诉我，邓肯在他位于瓦沃纳（Wawona）的小屋的附近猎杀了第一只熊。邓肯鼓起勇气开了一枪之后就吓跑了，甚至都没有查看自己是不是射中了。几个小时之后，他跑回来，发现可怜的熊先生已经死了，因而有了下一次尝试的勇气。1875年，当我和邓肯一起远足，他对我坦承，他最初非常害怕熊，但当他猎杀了6只之后开始计数，自那时起他开始下决心要做一名最出色的猎熊者。在9年时间里，他杀死49只熊，他一直把数量刻在他位于约塞米蒂公园南部新月湖（Crescent lake）岸边小木屋的木头上。他说他越了解熊，对他们越是抱有敬意，对他们的惧怕感也是越来越少。但与此同时，他也变得越来越小心，在他有绝对把握之前，绝对不开枪，无论等多久，无论要走多远，一定要精准地算好风向、距离，还有发生意外时逃跑的路线。除此之外，还要将目标猎物的性格也考虑进去，是年轻力壮还是年纪稍大，是棕熊（brown bear）还是灰熊。对于年纪稍大的熊，他提不起什么兴趣，而且还要小心谨慎，争取不要打照面。他的目标是要猎杀大约100只熊，接下来，他更要确保自己在捕猎过程中的安全。熊并不是很值钱，无论如何，猎杀100只熊已经够有面子了。

最近我都没有见过他，也没听到过关于他的任何消息，也不知道他那血腥的数字已经增加了多少。我远足的时候，偶尔会路过他的小屋。只见屋子椽子上满满登登的，吊着一捆捆的肉和熊皮，地上到处都是熊骨和毛发，不知比熊窝乱多少倍。他给一个地理研究组织做了一两年的向导和猎手，还为在此期间学到的科学知识颇为自豪。他说，那些令人羡慕的登山者们使他不仅知道了那些树与灌木的学名，熊的学名也被他烂熟于心了。

在这一带，最著名的猎手要数大卫·布朗了，年长的他是一个拓荒人，早在掘金热期，他就在默塞德北部岔口的林间空地处扎下了营，那个小屋至今仍被人们称作"布朗小屋"。对于捕猎者与勘探者来说，没有哪个地方比这里更适合隐居的了。这里的气候一年到头都让人喜欢，无论是天上的还是地上的美景，都美得像一场无休无止的欢宴。尽管他算不上是追随风景的人，但是他的朋友说，他与别人一样，看到美景的时候会意识到是美景，他还非常喜欢站在高高的山脊上俯瞰大地。

当食物不足的时候，他便会从位于壁炉上方的鹿角上拿下他那支老式长管来复枪开始捕猎。他一般都不用走很远，因为鹿喜欢待在领航峰（Pilot Peak）山脊的斜坡上，那里树木葱郁，视野也很开阔，这样鹿群既可以很好的休憩又可以警惕敌人来袭，他们在这里可以享受这个温暖季节从海边吹来的微风，从扰人的飞虫中解放出来。在这片属于鹿的灌木林中，他们找到了藏身之地和诱人芬芳的食物。一条小巧玲珑、聪明伶俐的猎狗是布朗唯一的陪伴。这个小小的登山者能揣测到他要捕的猎物是什么，无论是鹿还是熊，或者仅仅是一只隐藏在冷杉树顶的松鸡。在捕鹿的时候，猎狗桑迪帮不上什么忙，只是跟在主人的身后一路小跑，无声无息地穿过花香四溢的树林，小心翼翼、蹑手蹑脚地，避免踩到干树枝上发出动静，在一个视野开阔的地方向鹿清晨或日暮进食的那片树丛眺望，每到一个新的地方，都会偷偷地在山包后窥探。最后，在长有桤木和柳树的陆地或是河边，主人找到一头雄鹿，将他成功猎杀，把鹿四条腿绑在一起往肩上一扛，就这样回了营地。然而若是追捕熊，桑迪会扮演向导的角色，成为猎人最重要的搭档，甚至好几次救了主人的命。而正是由于猎杀熊，大卫·布朗成了一名远近闻名的猎手。我的一个朋友曾经去过他的小屋好多次，整晚整晚听他讲述自己的历险故事。我从朋友这里了解到，他的捕猎方法其实很简单，先是带上他的来复枪和几磅面粉，悄悄地、慢慢地穿过最荒僻的荒野，直到小桑迪发现熊刚刚留下的足迹以后，无论花上多长时间，都会穷追不舍，直到猎杀成功。熊走到哪里，他就跟到哪里，无论路途有多坎坷。桑迪一直在前方领路，不时会回过头来看看主人是不是跟上了，来相应地调整自己的步伐和速度，桑迪不会表现出疲惫，也从来不会让其他足迹分散自己的注意力。抵达高地以后，他就会停下来，审视着四周，可能就会看到熊先生正直挺挺地坐着吃灌木浆果呢。熊先生用大爪子扯下硕果累累的树枝，再团到一起，只为能满满地把一大口塞进嘴里，全然不不顾里面是否夹杂了大量树叶和树枝。每年，根据不同的时间，猎人可以大致判断出哪里会有猎物：春天和初夏时分通常会在茂密的青草和繁盛的三叶草地、浆果累累的小溪边、抑或是盖满了红菽草（pea-vine）和羽扇豆的斜坡上；而在夏末或是秋季，猎物们会在松树下吃松鼠落下的球果，又或是在峡谷谷底的橡树园里吃橡果、灌木果和樱桃；而大雪过后，猎物们会在冲积扇的底部以蚂蚁和黄蜂（yellow-jacket wasp）为食。出入这些熊进食的地方总要谨慎小心，以防与熊不期而遇。

"无论什么时候，"布朗说，"我总是先熊一步发现他，我可以很轻易的就将他猎杀，我只不过是会花上很多时间去搞清楚他在干些什么，他会在这个地方待多久，此外，还会研究一下风向和地面状况一类的问题。然后，无论需要走多远，我都会绕到他背风向的位置；我会爬着躲到距他100码以内的地方，通常会选择一棵我可以爬上去的树，要熊爬不上来才行。在这里，我先检查好枪是否上了膛，再脱下靴子，以便在必要的时候爬得快一些。然后，把来复枪放在一旁，让桑迪站在我的身后，就这样等着熊站到了一个合适的位置，至少我确信能从后面打到他的前腿。为了提防他向我发起攻击，我会在他抓到我之前，爬上事先看好的那棵树。但是，熊的动作十分迟缓，眼神又不很好，我又站在他的下风向，他无法嗅到我的气味，所以通常在他看到我枪冒出的烟之前，我已经开了第二枪。一般情况下，他们受了伤之后会试图逃跑，我会让他们跑上一段距离，觉得没有危险了，再冲进灌木林追踪他们。然后，桑迪肯定会找到他们的尸体，如果他们没死，桑迪会像狮子一样勇敢地大吼大叫来吸引熊的注意力，或者冲上前去从后面咬住他们，来保证我在一个安全的距离之内伺机补上最后一枪。"

"嗯，是的，猎熊也是件充满极大乐趣的工作，你的追踪方法若是正确的话，就会非常安全。不过，猎熊与其他工作，特别是其他野外工作一样，也存在着风险。我和桑迪好几次都是死里逃生。熊也不是傻子，他和其他动物一样，知道怎么躲开人类，除非他们有伤在身，身处绝境，或是怀了幼仔。在我看来，如果条件允许的话，一个成年熊妈妈在饥肠辘辘的情况下，会抓住一个人来吃掉。不管怎样，我们也吃他们，这是一个公平的游戏。但据我所知，在这些富饶的大山里，还没有哪个人被熊吃掉过。人睡觉时，熊为什么不会将他捉住吃掉呢？我一直不明白。他们很容易就能将我们吃掉，我猜大自然对睡梦中的人心存敬意吧。"

　　畜养绵羊的牧场主和他们的牧羊人用下毒或各种各样的圈套杀死了大量的熊。熊喜爱羊肉，但也为那些进山的每一群羊付出了沉重的代价。熊通常会在夜里潜进畜栏，用他的大熊掌把一只羊拍死，再把羊运到稍远一点的地方，吃下半只，剩下的半只会在第二天的晚上回来吃，就这样持续一个夏天，或者说在他被杀死之前一直是这样的。然而，牧场主最大的损失不是由于熊直接的捕杀，而是由于羊群窒息而死。羊群在受到惊吓之后会冲向畜栏而造成极度拥挤，每一次遭遇熊的袭击之后，都会发现有10—15只羊因窒息死在了畜栏旁。有时畜栏会被冲开，羊群被冲散，跑到很远的地方。春季里，有时羊群会有一至两周免遭这些熊的攻击，但是一旦熊们品尝过了这优质的山区羊肉，他们就会不停地造访，完全不在意各式各样的预防措施。有一次，我与两个葡萄牙牧场主一起住了一夜，他们对熊的造访大伤脑筋，几乎每天夜里熊都要造访他的羊群2次、4次或者5次。他们的营地坐落在公园的中间位置，他们说这些恶劣的熊是越闹越凶了，现在都等不到天黑，青天白日的就会穿过丛林跑出来，胆大包天，熊是想捉几只就捉几只。一天晚上，太阳还没落山，一只熊就带着两只幼熊早早地过来吃晚餐，当时羊群正在慢慢地赶回营地。这个叫乔的老牧羊人想起许多有过类似经历的人的警告，当机立断爬上了一棵高高的落叶松，把羊留给了强盗任意抢夺。安东尼大骂乔是胆小鬼，宣称他绝不会让熊当着自己的面把羊吃掉，让狗向熊冲了过去，自己则手持木棍，边跑便弄出很大声音来造势。两只幼熊受到了惊吓爬上了一棵树，熊妈妈则跑过来迎战牧羊人和狗。安东尼盯着朝他而来的熊妈妈吃惊不小，在那里呆呆地站了一会儿，回过神以后，撒腿就跑，跑得比乔还快，熊妈妈在他身后穷追不舍。他爬上了附近一个小屋的屋顶，这也是附近唯一能很快抵达的避难所。幸运的是，熊妈妈担心自己两个孩子的安全，便没有爬上去追他，只是用要命的眼神恐怖地盯着他几分钟，威胁他。随后，熊妈妈转身快速回到她的幼熊身边，将他们从树上唤下来，一齐走向那群受了惊吓挤作一团的羊群，拍死了一只羊，若无其事地大快朵颐起来。安东尼可怜巴巴地乞求行事谨慎的乔指给他一棵更好、更安全的树，能让他像水手爬桅杆一样爬上去，两腿缠在树上，想待多久就待多久。老乔指给了他附近的一棵细长的松树，那棵树上基本没有什么树枝了。"所以，你跟老乔一样了，在熊面前怂了吧？"听罢这个故事，我说道。"嗯，我跟你讲，"安东尼满面忧伤地回答道，"近距离看熊的脸真是太恐怖了，她瞬间就能把我吃了，连骨头都不剩。看她的表现，感觉我的每只羊都属于她似的。打那之后，我再也不冲着熊冲了，我每一次都会选择上树。"

　　从那以后，每每日落前约一小时的时候，牧羊者们都会用畜栏把羊群圈了起来，再砍伐大量的干木头，在畜栏外围上一圈，用火点着，夜夜如此。夜晚，大家睡觉的时候，还会派一个人持枪站到一个建在营地旁松树上的看守台上放哨。但是，一两个夜晚之后，这个用火围起来的围栏也不起什么作用了，因为熊渐渐地视其为一个便利条件，也渐渐习惯起来。

　　晚上时分，我待在他们的营地，观赏了火墙的景观，火光闪烁，煞是壮丽。周围的树被火光映亮，与四周孤寂的黑暗形成对比，两千只羊趴在地上，挤成一团灰色，火光映照他们的眼睛，就像是一颗颗闪烁着的宝石。差不多半夜的时候，一对"掠夺者"——熊到了。他们明目张胆地从火圈上的一个小沟跨过，拍死了两只羊，将他们拖出来，消失在了黑暗的树林深处，留下10只羊因相互践踏、窒息，死在畜栏边。而那个吓破了胆了的守卫在树上连一枪都没敢开，还诡辩说担心错射了羊，因为在他还没有瞄准熊之前，熊就已经进了羊群。

　　清晨，我问这些牧羊人，为什么不把羊群迁到别的牧场呢，"哦，没用！"安东尼叫道，"看我那些死了的羊，我们以前迁了三四次，但是没有用，这只熊还是会追踪过来。没用。我们明天就要下山回家了，你看看我那群死了的羊，剩下的很快就会死个精光。"

就这样，他们比往常提前一个月被赶出了大山，继美国士兵之后，熊充当了森林中最成功的守山者，但是一些熊还是被一些牧羊人成功地杀死了。近30年来，总共算起来大概有五六百只熊死在约塞米蒂公园里，死在猎熊者、登山者、印第安人、牧羊人的手里。但熊并没有面临灭绝的危险。现在约塞米蒂公园是由士兵来守卫的，荒凉的土地上不仅大面积长出了植物，野生动物的数量也开始大量增加。公园里除了得到许可的人之外，均不允许随意使用枪支，许可由负责部门批准发放。这一规定制止了那些无血不欢的牧羊人、猎人和游客们对熊和鹿，特别是对鹿的残酷杀戮。

郊　狼

郊狼（Coyote），又称作"加利福尼亚狼"（California wolf）。这是一种美丽的动物，动作优雅，皮毛深灰或微黄，耳朵警惕地竖立着，嘴巴尖尖地挺立，毛茸茸的尾巴气派地垂着。他们的体型大小与英国科利牧羊犬（English shepherd）相当，但就叫声而言，他们的音色尖锐，类似于口哨，比科利牧羊犬的叫声更加富有音乐性。除了人类以外，狼是对于羊来说最具有毁灭性的威胁，因此，他们格外地不受那些养羊的牧场主欢迎。

郊狼有着出色的警惕性和无畏精神，游走在易受伤害的羊群四周审视着，在羊群附近的某一小山坡上打量着，在饥饿的驱使下计算着出手的时间。他们在小山的丛林或是平地的草丛里蜷伏着，静静等待着时机成熟的那一刻。无论是白天或晚上，他们常常能够凭借敏捷的身手，在不惊动身边羊群和牧羊人的情况下把他们选中的小羊俘获。

郊狼

活力无限的小精灵

啮齿动物

　　约塞米蒂公园里的两大松鼠——道格拉斯松鼠（Douglas squirrel）和加利福尼亚灰松鼠（西部灰松鼠，California gray squirrel）使得整个森林生机勃勃。道格拉斯松鼠数量大，分布广。从山脚到山顶的矮松树上，一路走来，随处可见。道格拉斯松鼠在塞拉山动物里最有影响力，尽管体型娇小，却是我所知道的松鼠中最聪明的。他们是松鼠中的极品，是精力旺盛，勇气尤嘉的登山者，像阳光一样远离疾病。人们根本无法想象，这样的动物怎么如此让人厌烦和不舒服。他霸占了整个森林，甚至把人类也当作侵入者而驱赶出去。他是怎样责骂别人，扮鬼脸的啊！如果不是因为身材小得可笑，他一定会成为一种可怕的家伙。而我觉得加州灰松鼠是所有大块头美国松鼠中最漂亮的，他长得有点像东部的灰松鼠，毛色却比灰松鼠更光亮、更清新，体态也更轻盈、更苗条。他们居住在海拔5000英尺高的橡树和松树林中。他们通常居住在约塞米蒂谷（Yosemite Valley）、赫奇·赫奇水库（Hetch-Hetchy Reservoir）、国王河峡谷（Kings River Canon）地区，确切地说，除了覆盖着冷杉的山脊之外，所有主要峡谷和整个约塞米蒂地区都是他们的居住地。灰松鼠的个头比道格拉斯松鼠要大两倍，可在设法穿过树木的时候，发出的动静却比他们那身材娇小、暴躁的邻居要小得多，也没有道格拉斯鼠那么有气场。春日里，在松子和榛子成熟之前，在确信附近没有敌人的情况下，他开始仔细检查去年的球果，因为这些半开的果球里可能还会剩下一点种子，他还从落叶下面拾捡掉落的坚果和种子。他那漂亮的尾巴翘立着，一会儿向后，一会儿向上，或是水平或是优雅地卷曲着，像是蓟花的冠毛似的轻盈，光彩四射。他们的身体似乎都没有尾巴那么吸引人。道格拉斯松鼠的一生都坚定而果断，性情暴躁，态度尖酸刻薄，不停地吹牛、炫耀和争斗，行为动作没有灰松鼠那么优雅和从容。他们的动作敏捷异常，总是让旁观者为之苦恼；他们滑稽的足尖旋转表演令人眼花缭乱。灰松鼠生性胆怯，时常鬼鬼祟祟的，好像总以为每棵树、每丛灌木、每个伐木后都可能有一个敌人似的；他们似乎喜欢离群索居，不想让人们发现，不希望得到人们的赞美，更不想让人们畏惧他们。印第安人四处寻找着灰松鼠，这一点就足以让他们疑神疑鬼，戒备异常了。作为猎物，道格拉斯松鼠不像灰松鼠那么引人注目，可能就是因为这一点，所以他们虽然也有敌人，却能大量繁衍吧。他们走起路来像狮子一样，大胆无畏，上上下下，左左右右，一圈又一圈。他们是所有毛皮动物中最快乐、最幸福，同时也是最认真、最严肃的。他们像阳光一样，在森林里活跃着。尽管他们像人类一样，为了生存而工作，忙于收集刺果和坚果，但是那种困扰常人的变数似乎不会影响到他们。我从来没有见过死的道格拉斯松鼠，他们来到这个世界，离开这个世界，都没有被人们注意到，只有在其年轻力壮时，我们才会看到他们，正如一些植物只有在开花时才会被人们注意到一样。

东美四纹花栗鼠（Tamias quadrivittatus）身上长有斑纹，他们是所有生活在山里的爬树动物中最亲切、最可爱的一种，是花栗鼠里最聪明伶俐、活泼好动的。比起我们熟知的东部物种，他们更加聪明，更喜欢生活在树上，长的更像松鼠。他们与道格拉斯松鼠一样，广泛分布在塞拉山上。不论是在茂密的还是稀疏的森林，不论是在灌木丛生还是光秃秃的山顶或峡谷，只要有这些欢乐的小家伙在，那个地方都会显得生机勃勃。首先，你可能会在色滨河（Sabine）和黄松木相接的针叶林地带看到他们。从那里再往上走，只要不是暴风雨天，即便是在冬天，你在哪里都能看到他们的身影。他们是一群趣味横生的小家伙，满脑袋都是稀奇古怪的想法，易轻信，认为世界上没有罪恶；虽然不像一只正宗的松鼠那样——拥有一条真正的松鼠尾巴——他们却过着松鼠般的生活，具有松鼠的绝大多数技能，只是没有松鼠那么好斗的天性罢了。

看着他们在荆棘丛中跳跃，收集种子和浆果，我真是百看不厌。他们要么挂在野樱桃、唐棣、栗树（chinquapin）、鼠李（buckthorn）、悬钩子（黑莓，bramble）上，要么掠过长满青草铺满松针的地面，要么飞奔于冰川的卵石间和冰塔上。当针叶树的种子成熟的时候，他们会爬到树上，咬下球果贮藏起来以备过冬。他们虽然没有道格拉斯松鼠闪电般的能量，却还是辛勤地忙碌着。道格拉斯松鼠经常把他们从食物多的树上赶走，他们就只能埋伏下来，等待机会，捡起飞扬跋扈的道格拉斯松鼠咬下的一点刺果，藏在树枝和树洞里。塞拉山上很少有动物像这群毛茸茸的小家伙这样，既像松鼠，又像掘地小栗鼠。体态轻盈，惹人喜爱，性情温柔，易于轻信，尽情欢乐，他们就这样走进了别人的心里，成为了山林里小动物们最喜欢的伙伴。他们勤劳地收集着种子、坚果和浆果，尽享这些美味，却一点也会不发胖。相反，他们看起来就像是只有一副皮囊，仅仅比田鼠重一点。这么敏捷活泼的他们，是不可能闲下来的。道格拉斯松鼠可以闭着嘴叫，但是四纹花鼠常常在说话或唱歌时张开嘴，他们的歌声会随着他们的动作发生很大的变化，有的清澈甜美，宛如是水落池塘，叮咚作响。他们的眼睛黑黑的，眼波流转，宛如清新的露珠。他们似乎很喜欢戏弄

北方灰松鼠

道氏红松鼠

狐松鼠

四纹花鼠

狗，敢在几尺远的地方挑衅狗，然后蹦蹦跳跳地叫着跑远了；他们会随着乐曲打节拍，比如说，他们的尾巴会随着敲击声和鸣叫声在空中画一个弧。我不确定道格拉斯松鼠是否有脚，这样说也许有很大的风险。我曾看到过他们在陡峭的约塞米蒂谷悬崖上毫不费力地跑来跑去，却从没有想过这么做有多危险，如果不小心脚下一滑，他们就会坠入万丈深渊。他们得有多灵巧，才能在悬崖上这样稳稳当当地行走啊！

在松子成熟之前，草籽、泻鼠李、草莓和悬钩子属植物（*Rubus nutkanus*）柔软的红糙莓（thimbleberry）是他们的主要食物。他们是山里最优雅的食客，而蜜蜂却非常笨拙、粗鲁地将自己的硬鼻子伸进花的钟状花蕊里传授花粉。草籽成熟的时候，他们在倒了的松树和冷杉中蹦蹦跳跳，环顾四周寻找他们认为最好的一簇，然后跑进去选一颗好的扯下来，带到伐木顶上。他们坐直了身体，一点一点地把里面的粮食咬出来，却没有把芒吃进嘴里；他们转动着草壳，用手指拨弄着，仿佛是在吹奏长笛，然后蹦蹦跳跳地去找下一颗，再一颗，把它们都带到自己进餐的伐木旁。

美洲土拨鼠（豚鼠，旱獭，woodchuck，*Arctomys monax*）居住在光秃秃的高山脊和巨石堆里，是一种非常另类的登山者——他们笨重而肥胖，大腹便便，像市议员一样，有时会为自己那水草丰美的牧场和通风良好的家而心满意足，得意洋洋。然而他们绝对不是一个乏味无聊的动物。在我们眼中风吹雨打的荒凉之地，在寒风凛冽的空气里，在冰川旁，他们都兴高采烈地尖叫着，吹着口哨，就是这样乐天，一直到老。如果你能像他们一样，早早起床，你就可以有机会常常看到他们从洞穴里钻出来，沐浴着清晨的第一缕阳光，在他们最喜欢的平顶岩石上晒太阳。待到身体暖和过来以后，便到自己小花园的洞里去吃早餐。他们就这样聚精会神地吃着，就像牛吃草一样，最后

山河狸

土拨鼠（旱獭）

吃得心满意足，然后去拜访同类，与他们一起玩耍、恋爱、争斗。

1875年春天，我正在圣华金河中游岔口岬角的山峰和冰川上探险。一天清晨，我从欧文河（Owen River）的岬角山脉穿过，正要穿过一个达10英尺厚的积雪冰湖时，惊讶地发现地上有明显的土拨鼠新脚印，表面都被太阳晒得化了些。四周的积雪还没有融化，他这么早出来干什么？他是怎么想的？他足迹的走向这么确定，我可以看得出来他是有明确目标的，而他的目的地——那座13000英尺高的山，偏巧正是我打算要攀登的。于是，我循着他的足迹，想看看他要上去干什么。他的足迹从山脚开始就一直向上延伸，正在融化的雪告诉我，我离他已经不远了。在斑驳的岩石的山脊旁，他的足迹消失了，可是，我一面借助雪上的留痕，一面靠自己的观察，很快又找到了他的足迹。在山顶南边的一个空旷地带，几座各自独立的高峰把这里差不多合围起来，由于太阳光的反射作用，这里成了一块气候温暖的独立地带。我在这里发现了一座漂亮的花园，到处都是南芥菜（rock cress）、草夹竹桃（phlox）、绳子草类（silene）、葶苈类（draba），还有零星的几簇青草。在这里，我追上了那只漫游的美洲土拨鼠，他正在享受着或许是这个季节里的第一顿精美的新鲜午餐。他是怎么找到通向这座花园的路的呢？地势这么高，路途这么远，他又是这么知道当他的洞穴积雪10英尺的时候，这里却是繁花似锦的？想要知道这一点，他掌握的植物学、地形学和气候学知识一定要比大部分登山者还要多才是。

山河狸（Haplodon）胆怯、好奇心强，他们居所的高度与土拨鼠差不多。这些勤快的小动物们挖隧道，控制着地下小溪流的流量。如果有人把露营扎在距离他们洞穴不远的斜坡上时，就会有"惊喜"半夜，人会被汩汩的流水声吵醒，发现头下面有山河狸新挖掘的隧道。囊鼠（pouched gopher）总会有办法将那些紧张不安的露营者吵醒，他们跟山狸的做法一样，也让人兴奋不已。他们会在挖隧道和推土的时候不停地用力向上推。这时人们会本能地喊："谁在下面? 后就会发现原来是他们在作祟，然后说"好吧，你们继续吧，晚安!"又沉沉睡去了。

会备干草的鼠兔（pika）、掘地小栗鼠（bob-tailed spermophile）和林鼠（wood-rat），也都是很有趣的塞拉山动物。最后要说的是林鼠（neotoma），他可是跟一般的老鼠都大不相同：林鼠的体形是一般的老鼠的两倍大，褐色的皮毛精致美丽，手感柔软；腹部呈白色；大耳朵细细的，呈半透明色；眼睛大大的，眼神清澈而温和；鼻子圆圆的，跟松鼠很像；细长的爪子似针般锋利；林鼠的四肢很强壮，可以像松鼠那样到处攀爬。老鼠和松鼠却都没有他这么天真的眼神。人们很容易接近林鼠，林鼠对人们的好意通常也会表现出一种信任。林鼠居住在多刺的灌木丛，林鼠太精美了，与他那粗糙的大房子一点儿也不相配。在山林里，再没有其他动物会像他这样，建造体积这么大，外观这么惊人的洞穴。林鼠的洞穴是用各种各样的棍子（比如从附近灌木上砍下的各种各样光滑或粗糙的断枝，还有带苔藓的腐烂木块和绿树枝）以及各种各样的垃圾、零碎东西混合起来建成的——还有少量的土块、石头、骨头、鹿角等等。林鼠把这些东西一股脑儿地塞进地面上茂密的锥形树丛里。林鼠的洞穴有些有五六英尺高，偶尔也会有十几个洞穴聚集在一起的情况，这样做更多的是为了方便寻找食物以及互相庇护，其次才是社交的需要。

探险者孤身一人穿过一块荒地，荒地中央有幽深、茂密的丛林。又累又热的他寻找出路，碰巧进入了这样一个古怪的林鼠之村，会被眼前的景象吓了一跳，他还以为自己进了一个印第安人的村庄呢。他开始担心，自己在这个荒凉的地方会受到什么的款待。刚开始的时候，他一只林鼠都没有看到，或者说只能看到两三只坐在洞穴上，

红糙梅

刺苞鼠
尾草

就像坐在自家门前那样，用那双最温柔的眼睛观察着这位陌生人。洞穴里的巢是用嚼碎了的草和树皮做的，两旁是羽毛，下面有各种种子的软毛。粗糙的厚墙似乎是用来抵御外敌的——狐狸和郊狼等——当然也是用来遮风挡雨的地方。这些精美的小动物在他们粗糙的大房子里，不禁会让人联想起脆弱的花朵来，正如刺苞鼠尾草（Salvia carduacea）总是受到长满刺的总苞（involucre）的保护一样。

有时，林鼠的洞穴会建在离地面20—30英尺的橡树树杈上，甚至会建在阁楼上。附近的主妇们会把这些居住在森林里的小家伙当成小偷，因为他们总是将所有可携带的东西（刀、叉、锡杯、勺子、眼镜、梳子、钉子、引火柴等物品，以及所有能吃的东西）运走堆放在一起，来加强他们的防御工事或是用来向他们的对手显示出自己的不同凡响。有一次，在距离高耸入云的塞拉山很远的地方，林鼠偷了我的防雪镜、茶壶盖和无液气压计。还有一次，在一个风雨交加的夜晚，我在一棵平卧的雪松下扎了营，接着被花岗岩上阵阵摩擦声吵醒，在火光中，我看到有一只漂亮的林鼠就在我身旁吃力地拖着我的凿冰短柄斧，使劲儿拖着把手上的鹿皮细绳。我扔过去小块树皮，弄出声响，想吓唬吓唬他，他却站在那儿指责我，对着我叫，那双漂亮的眼睛无辜地看着我，泪光闪闪的。

豪　猪

豪猪（箭猪，Porcupine）的行动缓慢，总是一副心满意足的样子，只要人们不招惹他，他就不会伤害任何人。我从来没听过会豪猪跟谁起过争执，他们总是试图过着安安静静、睦邻友好的生活，这其中也包括人类。他们走路走得很慢，就算竭尽全力全速奔跑，那速度也只比疾行的人的速度快一点点。夏日，豪猪通常会藏身于海拔在

豪猪

林鼠

7000到10000英尺左右的山上的那些倒下的树木下。据我所知，他们的食物主要是柳树与松树（通常是两叶松树［two-leaved pine］）的树枝和树皮。豪猪是游泳健将，他们既不惧怕进入冰凉的水，也不害怕在厚厚的积雪和冰川上行进。狗经常会去袭击豪猪，然而，每当狗试图接近豪猪的时候，豪猪就会用他的尾巴恶狠狠地撞击狗，而豪猪的尾巴上可是长满了一根根竖起的带倒钩的刺啊。所以，只要狗一接近，不论他咬的是豪猪身体的哪一部分，都会被扎一嘴刺。狗痛苦地忍受着这些刺带来的疼痛，在吃狗肉之前，人们必须用钳子将这些刺拔出才行。

在苏打泉（Soda Spring）对面的图奥勒米草甸（Tuolumne meadow）南麓的森林线的边缘，两个博物学家在采集哺乳动物（mammal）的样本。正如到了高山上的男孩们通常表现出的那样，他们也是胃口大开。在主营地，他们可是在骡子上驮满了准备露营的食物及供应品，可是没过多久，他们的吃货本色就再次显现，也就是在一两天后，他们就又返回来了，因为面粉，尤其是咸猪肉吃完了，那可是他们预计要吃一到两个星期的呀。别人问他们用那些咸猪肉究竟做了什么的时候，他们只是简单地回答说被他们吃了。可是，刚开始发现咸猪肉已经吃完的时候，他们并没有下山，现在他们是非下去不可了，因为他们现在都已经胃口大开了。随着他们饥饿的频率越来越高，间隔的时间也越来越短，他们就不断地给骡子装满咸猪肉和面粉，可是，自从又有人郑重其事地问他们究竟都用培根熏肉做了什么以后，除非万不得已，他们都不好意思下山了。就这样，他们开始尝试吃在森林线诱捕到的所有哺乳动物的肉。他们剥动物的皮吃肉。他们听说青蛙很好吃，而他们露营附近恰巧有一个小冰川湖，那里有青蛙在愉快地歌唱，于是，他们开始搜寻青蛙吃，直到他们将那个池塘里的青蛙都消灭干净。一天夜晚，他们觉得，不管带头人怎么批评他们，他们都必须下山去找寻更多的食物。他们看到，在森林线的白雪覆盖的堤上出现了一个看上去黑乎乎的东西，在饥饿的驱使下，他们见活物就想吃。他们认为那个东西也许会很好吃，就立即跑了过去。事实上，那是一头豪猪。他们没有带枪，却残忍地用厚重的靴子把豪猪踢死了。他们抱怨山上的海拔高，天气冷，所以他们冬天也都穿着衣服、靴子和绑腿睡觉。他们与那头试图用尾巴保护自己的可怜的豪猪搏斗，踢死豪猪以后，他们发现自己的皮绑腿和衣服上扎了许多带倒钩的刺。他们剥了豪猪的皮，肥美的豪猪肉在一定程度上缓解了他们饥饿的痛苦。

夏天，在这个地区的森林里，尤其是在开阔的草地边缘，相当多的两叶松树都被一圈圈地剥了皮，树干在高处形成了环状带。很多松树因为树皮被剥光而枯死，其他松树树皮则被剥了一半，而树枝上的皮都被剥得一干二净。在饥饿的时候，豪猪这个坚强的动物好像只是爬上距离自己最近的树，舒舒服服地坐在一个树枝上，把里里外外的树皮都剥下来吃掉。我不知道，每次饿了的时候，他是随便爬上一棵树就吃，还是他爬上一棵树就一直待在那儿，直到把所有的树皮啃完。而事实上，豪猪仅仅是在找到一棵好树后，就爬上去待上几个星期，也有很多豪猪毫无疑问会躲在岩石下面过冬，因为岩石在夏日吸收了热量，这时会相对暖和一些。

蜥蜴与响尾蛇

一

种类繁多的蜥蜴使得约塞米蒂国家公园温暖的季节格外热闹。他们有的1英尺来长，有些不过蚱蜢大小。还有一小部分样子与蛇相像，初见不免令人心生厌恶，但是大多数品种的蜥蜴都样子俊俏迷人，不认生，我们对他们优雅的生活方式了解得越多，对他们就越喜爱。小家伙的生命不是很长，性情温和老实。他们很容易驯服，拥有美丽的眼睛，眼中透着清澈的天真无邪，尽管人们带有从严寒的北方的偏见，因为那里没有蜥蜴，人们还是会很快爱上他们的。即使是被称为令人恐惧的，生活在平原和山脚的长角的角蜥（horned lizard），也同样温文尔雅。这种与蛇相近的生物有着令人着迷的眼睛，人们可以在稀树树林低矮的灌木丛中找到他们的身影。他们的滑行曲线看起来轻松自如，有着蛇一般的优雅，但是，他们短小不发达的四肢基本上作为无用的部分吃力地行进着。我曾经测量过一个样本，他的全长有14英寸，据我观察，他从来没有启用过自己小小的四肢。

他们大多数身上都是闪闪发光的。他们会跳上一块洒满阳光的石头，穿过灌木林间的空地，动作犹如蜻蜓和蜂鸟般敏捷，身上的颜色也像蜻蜓和蜂鸟那样五彩斑斓。他们绝不会不间断地长途跋涉，无论目标为何物，他都会像箭一样直直地冲出10—20英尺，而后戛然而止，然后再突然重新开始。而中途这样的停顿，都是十分必要的休息手段，因为他们很容易气短呼吸急促，不停地追踪猎物，会使他们很快就气喘吁吁，喘不过气来，一副可怜巴巴的样子，在没有可以休息的灌木丛或岩石处，则很容易就会被捉住。

若是你与他们和谐共处一两周，这些古老大型动物的子孙后裔，这些温和的蜥蜴们会很快与你熟识起来，信任你。他们会跑到你脚边，与你嬉闹，他们会用那充满好奇的可爱眼睛观察你的一举一动。你会发现你一定会爱上了他们，不仅仅是那些彩虹般斑斓明亮的种类，还有那些比蝗虫大不了多少，又好似长满地衣的花岗岩一样灰色的小家伙们。他们会教你懂得：鳞与头发和羽毛或是其他一些讲究的着装一样，都是大自然的美好馈赠。

二

在一些低矮的丛林里，蛇的数量极多，但是大多数都是美丽且无毒的。旅行者或是游客来到约塞米蒂国家公园和附近的大山观光，蛇从来没有咬过任何一个人，任何一种蛇都没有咬过，相反，蛇倒是迷住了成千上万的游客与旅行者。一些蛇在颜色的艳丽与外衣的样式方面可以与蜥蜴相提并论。只有响尾蛇（rattle snake）是毒蛇，倘若不是生命受到威胁，面对人类的时候，他会一直小心翼翼地保留他的毒液。

在我还未学会尊重响尾蛇的时候，我曾杀死过两条响尾蛇。第一次是在圣华金河平原上的时候，他当时正惬意地盘绕在繁密的草丛中，我正要跨过他的身体，发现他在我双脚之间，我再跨一步就要踩到他了。他低着头，尽管处在即将被踩踏的危险之中，都没有打算发起攻击。当时，也就是30年前，我还认为无论人类在哪里发现响尾蛇都应该格杀勿论。当时我手里没有任何武器，平坦的草原上，一公里之内找不到一根木棍和一块石头，我便试图跳到他身上将他压碎，据说鹿就是这样。他盯着我的脸，察觉到我要伤害他，便把自己卷成了一个圈，准备自卫反击。我知道他在爬行的时候无法进行攻击，因此便将一捧捧的泥土和草皮扔向他，强迫他展开身体。一开始，他在自己的阵地坚守了几分钟，又是威胁又是击打，然后开始想办法摆脱我。我跑上前，跳到他身上，但是他迅速将头缩回，我踩了个空，但是他对我的攻击也未能得手。经过反复的迫害折磨，他决定逃开这里，勇敢地用尾巴击打着，保护着自己，但最后我的脚跟正正地落了下来，把他重重地踩伤了，接着又残忍地补上了几脚，将他踩死了。我一直为这个杀生事件感到羞耻，觉得自己离天堂又远了一步，我下定决心至少要像蛇一样公正和宽容，不再杀害自卫的蛇。

第二次经历在我看来也是应该可以避免的，我对此也一直非常难过和内疚。我曾经在约塞米蒂国家公园里盖过一个小房子，为了方便取水，出于声音悦耳和社交的需求，我将一条发源于约塞米蒂溪流的水道引了过来。小溪在原本不属于它的河道流淌着，那正好在我屋墙的一侧。水的深度刚好足以泛起涟漪，溪水的声音低缓而甜美，这样的伴奏让人心情舒畅，特别是在躺下还未入眠的夜晚时分。霎时，几只青蛙进来了，与溪水嬉戏，那时我想来一条蛇把青蛙捉住就好了。

长长地散步归来以后，我通常会带回家一大捧植物，一部分做研究，一部分做装饰，我把它们放在小屋的一角，把枝干插入小溪来保鲜。一天，当我捡回来一捧开始凋谢的植物后，我发现在花儿后面藏着一条响尾蛇，这条体型庞大的蛇盘绕着。这是他与这片地方合法的主人突如其来的面对面，这条可怜的爬行动物尴尬极了，很显然是认识到了自己没有待在这个屋子里的权利。他表现出来的不仅仅是害怕，很大成分是明显的羞怯和窘迫，就像大多数老实人在有嫌疑

鼠李

稠李

响尾蛇

角蜥

的时候被发现时站在门后的情状。尽管他盘着身体，已经准备就绪，他并没有选择发起攻击或者威胁，而是难为情地慢慢地将头低到不能再低，扭动着脖子，一副羞愧难当的神情，好像想在地上挖个洞钻进去。我看过许多野生动物的眼睛，我肯定没有误会这条不幸的蛇的眼神。我不想杀掉他，但是我有很多客人，有些是小孩子，我又经常到深夜才回来，所以我判决他非死不可。

　　自那之后，我在这些座山里见过的响尾蛇达100条，甚至更多，但是我从来没有蓄意打搅过他们，他们也从来没有打搅过我，连意外打扰都没有，即便是在面临被踩到的危险时也没有。有一次，我跪在地上生火，一条响尾蛇爬到了我拱起的胳膊下面，他只是想从我选的营地的地面走开，我保持不动，让他慢慢地爬走，一点危险也没有。我唯一感到很危险的一次是从图奥勒米峡谷（Tuolumne Canon）去约塞米蒂溪流源头，路经峡谷陡峭一侧的时候。在地震塌陷造成的斜面区，一块圆形巨石挡住了我的去路，从前面看，石头很高，我紧贴着石头站在下面，也只能跟上沿儿同高。我向上挺直身体，当我头部高出石头的平顶时，一眼便看见了一条盘着的响尾蛇。我伸出去的手惊动了他，他一副蓄势待发的样子。但是看到了这一挑衅，加上我伸出的头在距他不到1英尺的距离突然出现，他仍然没有发起攻击。我最后一次漫步穿越大峡谷的那一天，大概见到了两条响尾蛇。一条是没有盘绕着的，他整齐地折叠在河边两块圆形卵石间狭窄的空隙之中，头埋得比石头还低，就好像玩偶盒中时刻准备着的，一打开就能蹦出来的青蛙或小鸟。我的脚在离他头部一两英尺的上方跨过，他只是把头低得更低了。当我试图从一棵盘根错节的沔鼠李中间挤过去的时候，分开开阔地那侧的树枝，把一捆面包先扔了进去，把手腾出来，再准备挤过去的时候，看到了一条小的响尾蛇从我那一兜面包下拖着尾巴爬了出来。当他看见我的时候，生气地盯着我，一副理直气壮、义愤填膺的表情，好像在质问我，为什么把那东西扔到他身上。他长的太小了，我根本就没有把他放在眼里，他却愤怒地发起攻击，我后退着，从另一侧向开阔地靠近。他一直在听着我的一举一动，当我透过灌木丛看他的时候，发现他还在直勾勾地盯着我，一副看你还敢过来的神情。我试图解释我只是想要我的面包，但不起任何作用，他还是坚守阵地，也就是面包的前面。因此，我便退了6杆远，静静地待了半个小时。等我回去以后，发现他已经离开了。

　　一天傍晚，在金乌欲坠的时候，在峡谷里一块被岩石堵塞住的粗糙地方，在这里的河床边，我非常幸运地找到了一块被水冲平的岩石，我一直都在找这种平坦的可以当床的地方，不仅如此，这里还有很多我可以用来生火的浮木。但是，当我卸下背包以后，却发现地上盘踞着两条响尾蛇。因为不知道哪一天晚上那些蛇会爬进我的营地，我甚至在蛇窝里过夜都是没有危险的，但是我担心在这么小的一块地方，晚上来的人因为不知道我在，可能会在我给我添柴的时候不小心踩到他们，所以，为了避免踩踏，我在地震斜面那片区域重新扎了营。

約塞米蒂山麓

默塞德河畔

蝗　虫

　　蝗虫（蚱蜢，grasshopper）是古灵精怪、饶有趣味的小家伙。他喜欢登高远行，到底有多高我就不知道了，但可以肯定的是，绝不逊于约塞米蒂公园（Yosemite）游客们所攀登的高度。今天下午，一只蝗虫在屋顶上载歌载舞，让我兴致盎然，小家伙给我带来了由衷的享受。他的一举一动都透着十足的精气神，从头到脚都洋溢着欢乐。他会忽地腾空飞起二三十英尺高，然后急速俯冲，到达最低点时发出一声尖锐而又不乏乐感的略略声，紧接着又冲上半空。就这样，又是唱又是跳，起起落落了十来个来回，终于飞落下来小憩了一下，没过多久便又腾空而起，忙个不停。蝗虫在空中飞舞、歌唱，划出优美的弧线，这弧线仿佛是一条松松的、在半空挂着的绳子，两端的高度持平，结果就是这条绳子勾勒出来的弧度那么大，几乎一样。勇敢无畏，精力充沛，敏锐热忱，无忧无虑，这种享受生活的状态，我在其他大大小小的动物身上前所未见，闻所未闻。这个红腿家伙似乎是大山快乐的孩童，喜剧般的生活似乎是由一个个纯粹、浓缩的愉快感组成的。道氏松鼠（Douglas squirrel）是我唯一能想到的能与他媲美的生物，他像蝗虫一样，活力四射，欢快喧闹，身体里迸发出难以压抑的快乐。

　　巍巍高山为有这样一个古灵精怪的生物而欢声雷动，熠熠生辉，这是多么美妙的事情啊！当面对一切世俗的负面情绪或者忧郁低落的时候，他们都表现得洒脱自在和满不在乎，发出一阵男孩子般的咻咻声，这似乎是天性使然。这种叫声是怎样发出的，我并不清楚。当蝗虫们落在地面或是简单地从这边飞向那边的时候不会发出半点声响，只有当他们俯冲下去又飞上来做着曲线运动时会伴随着那种声响，似乎发出声音是完成动作的必要条件。向下的俯冲得越有力，相应，爆发出愉快的咻咻声也愈发高亢。在他表演的间隙在附近休息的时候，我试图近距离地观察他，但是他对近距离接触十分排斥，每当我靠近他的时候，他的后腿就会做好起跳的姿势，随时准备立即起飞，同时眼睛直勾勾地盯着我。屋顶上，他在石堆中找到了一个绝妙的布道所在，这家伙给我跳舞，对我来说就像是一场精彩绝伦的布道，可是其实蝗虫却不会布道啊！这么一个雄伟庄严布道台，这么一个小巧玲珑的布道师。看来这个世界赐予他的膝盖非常灵活，他才会这样轻盈起舞。山脉蕴藏的这种快乐、活力、野性、力量，就连熊也未曾让我感受到过，然而，却在一只小小的小丑般的舞者身上展露无遗，这就是蝗虫。在他的眼里，没有忧伤扰人心绪的乌云，没有令人伤怀积郁的严冬。于他而言，天天都是过节。当他不可避免地迎来生命的落日黄昏时，我想他会蜷缩在林中的土地之上，就像落叶或是花朵一样死去，没有丝毫的不雅，静静地等待着自己的葬礼。

蚂　蚁

在一段并不算长的地质时期之前，乳齿象（mastodon）和大象曾经在这里生存，证据是他们的骨头经常被这里淘金的矿工发现。不仅如此，至少有两种熊类现在还在这里，除此之外，还有加利福尼亚雄狮或美洲狮（panther，California lion）、野猫、狼、狐狸、蛇、蝎子、黄蜂（wasp）、狼蛛（tarantula）；但是，有的时候，人们总想把一种凶残的小黑蚁视为这片广袤山地世界中的统治者。这些无所畏惧、不知疲倦、四处闲逛的小恶魔，比我所知道的任何野兽都更加喜好打斗和撕咬，尽管他们的身躯不过区区1/4英寸长。他们攻击住处周围所有活着的生物，在我看来，常常是没有任何理由。他们身躯的大部分都是冰钩样的弧形下腭，看来为这些武器寻找用武之地，就成了他们的主要目地和乐趣。他们的殖民地大部分都建在稍微有点腐烂或者中空的活橡树上，因此，他们建造巢穴就非常方便了，之所以会选中这些橡树，很可能是因为他们在与动物和暴风雨的对抗中所显示出来的力量。小黑蚁们日夜劳作，爬进漆黑的洞穴，爬上最高的树木，在清凉的沟渠和炎热无荫蔽的山脊游荡捕猎，将他们的公路和旁道扩展到除了水面和天空的所有地方。从小丘陵到海平面上1英里高的地方，他们对任何动静都明察秋毫，我们并没有听到他们的嚎叫或呼喊，但是，他们的警告却在令人难以置信的短时间内传播开来。我不懂，为什么他们需要如此凶残的勇气，这么凶残勇气看起来并不符合常识。

有的时候，毫无疑问，他们为了保卫家园而战，但是，他们总是处处生事，撕咬他们能找到的任何东西，不论是在人类还是野兽身上，一旦找到了脆弱的地方，他们就会倒立起来把他们的大腭插进去，即使被一段段肢解都不会停止往更深处撕咬，直到死亡。当虑及这种凶猛生物分布得如此广泛，固守得如此顽强，我意识到，世界要进入大同的时代，建立世界和平和爱的规则，依然任重而道远。

　　我出发去野营的前几分钟，路过了一棵直径近10英尺的枯死的松树。这棵树曾经从头到脚被大火燃烧，因此，现在这个巨大的黑色柱子看起来就像是一座竖立的纪念碑。在它那庄严的轴线上，一块属于大黑蚁的聚居之地已经自行建立起来，不管是坚固的地方还是腐烂的地方，树木上到处都有大黑蚁辛勤打通的隧道和巢穴。树根处堆积着被噬咬下来的碎末，状似锯末，根据堆积的大小可以判断，整个树干一定已经像蜂巢一样被蛀空了。大黑蚁看起来比他们好斗又有体味的小兄弟更有智慧，更彬彬有礼，尽管在需要的时候他们同样可以快速投入战斗。他们的城镇建立在倒下的枯树或者还直立的枯树里，却绝对不会在健康活树或者是土里。当你碰巧在一块他们的聚居地旁边坐下来想休息或者写笔记的时候，一些东游西逛的狩猎者就一定找到你，他们小心翼翼地前进，来探究入侵者的天性，找到应该采取的措施。如果你离他的城镇不算太近并且纹丝不动的话，他可能会从你的脚上跑几趟，再从你的大腿、你的手，甚至你的脸上跑过去，钻进你的裤腿里，就像是给你量尺寸，要对你有个全面的了解似的。然后，他会和你保持和平的关系，不会发出预警。可是，一旦他有了感兴趣的地方或者你有了可疑的动作挑衅了他，他随之而来的就是一口，狠狠的一口！我甚至猜想，即使是一头熊或者一只狼咬的那口也比不上黑蚂蚁这一口。一道电光火石般的痛感随着你被触动的神经瞬间传开，你会第一次意识到自己的感知能力竟然有这么强烈。你一声尖

蒲公英上
的蚂蚁

叫，抓起这个小动物，困惑地盯着伤口中的这个极品，就像是从一阵突然的日食中清醒过来。幸运的是，如果足够小心，一般人一生中被这样咬伤的次数不会多于一两次。这种闪电小子般的非凡种族大约有4/3英寸长。狗熊很喜欢吃他们，经常把他们原木上的家园撕扯噬咬得四分五裂，粗鲁地吞噬他们的卵和幼虫、蚁后，甚至包括他们腐烂或坚硬的木头构成的巢穴，一切都成又辣又酸的蔬菜肉丁。我曾经听上了年纪的山里人说过，迪格印第安人（Digger Indian）也喜欢吃蚂蚁们的幼虫，甚至成虫。他们咬掉蚂蚁的头，然后丢掉，吃蚂蚁味道浓烈的、酸酸凉凉的小身体。就这样，这些可怜的咬人的动物被吃掉了，就像这个世界大家庭里上其他所有咬人的动物一样，不论大小，终究都被其他动物吃掉了。

　　还有一种良善而活跃，看起来冰雪聪明的红蚂蚁，身躯大小介于上述两者之间。他们在土地里筑巢，在他们的巢穴上盖满大片的种皮、树叶、麦秆等等。他们的食物来源看来主要是昆虫和植物的叶子、果实和汁液。大自然究竟滋养了这么多生物啊！我们与这么多种族为邻呢！我们对他们的了解却这么少！我们很少相互妨碍的！再想想那些更小的、数不胜数的人类同伴，那么小，我们肉眼都看不见，同他们相比起，最小的蚂蚁都像巨大的乳齿象哦。

火蚁

加州的蜂场

一

　　加利福尼亚州还是一片荒野时，贯穿南北，从白雪皑皑的锯齿状山脊（内达华山脉）到汪洋大海之间的土地都是一派甜蜜的蜜蜂园美景。

　　在这片原始的荒野范围内——穿过红杉林，沿着河岸，顺着面向大海的断崖和山岬，跨过山谷和平原、公园和小树林，以及枝叶茂盛的峡谷，或是松树繁茂的山坡——横跨每一个地带和每一个气候区，无论蜜蜂飞到哪里，招蜂的花都慷慨地怒放。在这里，那些花成簇状散布，或者层层叠叠地蔓延长达上千英里，有花粉区、鲜花区、一连串树莓和野生玫瑰的交汇区，有金色菊科植物（compositae）的大片分布地，也有紫堇（violet）、薄荷（mint）、线香石南（bryanthus）和三叶草（clover）的温床等等，有些品种的植物鲜花在一些地方四季常开不败。

　　但是近年来，由于在这些辉煌的蜂场上耕种和放羊，造成了一场不幸的大灾难，就像一场大火破坏了上万英亩的花海，把多种产蜂蜜的最佳植物驱逐到了岩石峭壁和栅栏拐角。然而，从另一方面讲，文化因此远远没有给予充足的补偿，至少没有以温和的方式给予——几英亩的苜蓿取代了几英里的富饶原始蜂场，装饰用的玫瑰和木屋门旁的金银花替换了谷地里瀑布般的野生玫瑰，四四方方的小果园和橘树林代替了辽阔的丛林山区地带。

仅仅在10年前，加州的中部大平原（Great Central Plain）在3月、4月和5月还是连绵不断的蜂花盛开的温床，富饶得不可思议，从一头走到另一头，400多英里的距离，每走一步，都会踩到100多朵鲜花。薄荷、吉莉花（gilia）、喜林草（nemophila）、火焰草（castilleia）和数不清的菊科植物长得那么集中，那么茂密，假如把99%的鲜花运走，这片平原对于加州人以外的任何一个人来说，仍然还是奢侈的花团锦簇。多蜜的花冠闪闪发光，楚楚动人，层层叠叠，一支从另一支上探出头来，像夕阳西下的天空闪烁的生动的暮光——一道辉煌的紫色和金色的炫光。中部大平原的中部有许多河流在流淌，有北方的萨克拉门托河（Sacramento）和南方的圣华金河（San Joaquin），它们随几个宏大的支流从山上恰当的角度汇入，把平原分成了以树林为边界的几个部分。

每条河流及其支流在交汇之前都会形成带状洼地，隐藏在通常水位以下，越往山脚下就越宽，在这片洼地上高耸的橡树，直径3到8英尺不等，在开阔得大草原般的水面上投射出一大片宜人的树影。紧邻河水的边缘，出现了一片美轮美奂、品种丰富的热带丛林景象，野生玫瑰、荆棘树丛，以及各种攀爬的藤蔓，环绕交织在柳树和桤木（赤杨，alder）的树枝和树干上，悬挂着大量的彩饰，在树尖和树尖间摇摆不停。就是在这里，野生蜜蜂尽情享受新鲜的花朵，直到干涸平原上的花朵都凋谢了或变成种子为止。仲夏时分，黑莓熟了，山上的印第安人都来参加宴会——男人们、女人们、孩子们排成长长的喧闹的队伍，邻里地区的农民也常常加入其中，他们聚集到这种野生水果周围，对于这上乘的风味赞不绝口。而天然的果园里满是成熟的桃、杏、油桃（nectarine）和无花果（fig）。葡萄园里硕果累累，葡萄挂满

喜林草

春美草

了枝头。但是，尽管这些肥沃的洼地因此与地势平坦、树木缺乏的平原区别开来，但在普通人的眼里，他们没有明显的分界线。整个区域就像是一片连绵不断花草繁茂的美景，只是被大山阻隔开了。

我第一眼看到这片中央花园，就认为这是在加州占地面积最广、最完美的蜂场。我大概是在1868年4月中旬在帕切科（Pacheco）通道的顶部得出的结论，那时的帕切科通道正沉浸在光荣的喜悦之中。沿着东部地平面，锯齿状山脊高耸入云，白色冰峰顶着锯齿状的山顶，中层区域是黑压压的树林，山脚下是紫色的草地、鲜花和丛林，平坦的小山坡波澜起伏，与耀眼的黄土平原优雅地融合在一起。黄土平原就像一块金色的布料，向南北方向蔓延至肉眼看得到的地方：模模糊糊地消失在远方，沿着山脚到我的脚下，形成一幅独特的新图画——晴朗的天空如弯弓，笼盖着整个大地。

沿着海岸山脉的东面斜坡下来，穿过吉莉花和羽扇豆植物（lupine）的温床，在大量微风习习的小丘和灌木覆盖的山岬旁，我终于跋涉到了这片辉煌的金色平原中央。只见地面全部被覆盖着，却不是被草地和绿叶覆盖，而是被光芒四射的花冠所覆盖，山脚处大约有脚踝那么深，远处有膝盖那么深或更深，蔓延五六英里。这里有荆芥（bahia）、麻迪菊（madia）、玛德兰（medaria）、金雏菊（burrielia）、金紫菀（chrysopsis）、被菊（corethrogyne）、胶菀（grindelia）等等，它们密集地生长着，就像各种色差的黄色在社交聚会，与红茎花（clarkia）、直果草（orthocarpus）、月见草（oenothera）巧妙地混合在一起，精致的花瓣正吸收着至关重要的阳光，没有反射出绚丽的光芒。

由于雨季之后这么长时间的极度干旱，多数植物都是一年生植物，一起发芽，一起开花，长得高度也差不多，所以普遍地表植物被更高些的钟穗花（phacelias）、钓钟柳（pentstemon）和一堆堆鼠尾草

各种菊科
植物的花
朵

金紫菀

半带草

条纹月
见草

杂交的
月见草

三叶草

蓝莓

（Salvia umbratica）搞得高低不平了。

　　不论朝哪个方向漫步，每走一步，就会有几百种喜阳植物掠过我的双脚，俯身进入其中，就像跋涉于金水之中。空气清新芬芳，百灵鸟（lark）唱着祝福的歌谣，我接近时，他张开了翅膀，然后下沉消失在带着花粉的草皮下面。无数只野生蜜蜂用单调的嗡嗡声搅动着下层空间——虽然单调，却宛若每日的阳光，永远清新甜美。野兔和地松鼠大量出现，小群的羚羊也几乎不断在眼前闪现，他们在小高地上好奇地注视着，动作无比的优雅，蹦蹦跳跳得跑掉了。然而，我没有发现他们压倒花草，留下路线和踪迹，也的确没有任何野生动物留下破坏性的足迹和齿印。

　　那些黄金般的美妙日子被数不清的生物包围，我向北方漫游的时候，与不计其数的各种生命邂逅。每当夜幕降临的时候，我几乎可以随处躺卧。我所拥有的植物大温床是多么五彩缤纷啊！通常刚刚醒来，就会发现几种新物种弯下腰来看着我的脸，所以，我的研究工作在起床之前就已然开始了。

　　大概是在5月1日的那一天，我向东行进，跨越了位于图奥勒米（Tuolumme）和默塞德之间的圣华金河，到达塞拉山的山脚下时，大多数植物已经变成种子，干枯得像干草了。

　　大平原一年四季都是温暖宜人的，绝对不缺招蜂花，但至关重要的初春——每年生物万物复苏的时候——却是由雨水控制的，通常会在大约12月中旬或1月初到来。然后，那些种子，那些6个月以来一直躺在地上的干种子就像被收集到谷仓里一样新鲜，随即显露出珍贵的生命迹象。地面上常见的棕黄色和紫色，还有前一年死亡的植被都被绿苔藓、地钱和无数嫩绿叶所替代。然后一种植物进入花季，紧接是另一种，渐渐的，绿地上就铺满了黄色和紫色，一直会持续到5月份。

　　雨季不是一个连绵不断的忧郁沉闷的阴雨时段。在北美，或许全世界都没有像加州这样的地方，在12月、1月、2月和3月这几个月充满了和煦的阳光，有利于植物生长。参考我1868年至1869的冬天和春天写的笔记，我在户外的每一天，都躺在图奥勒米河和默塞德之间河畔的平原，我发现这个季节的第一场降雨是在12月18日。1月只有6天雨天；2月3天，3月5天，4月3天，5月3天，这就是所谓雨季的全部，大概就是一个普普通通的雨季。在这个地区，常见的风雨很少会非常猛烈，很少会带来严寒。气候稳定的时候，风从东北方向来，刮向相反的方向，天空逐渐均匀地布满了一大块云，雨滴从那里有规则地降落下来，通常连续好几天，气温大概在45度或50度。

　　这个季节75%以上的雨来自东南方向。3月21日的一场壮观的暴风雨来自西北方向。一块厚重，圆形的乌云在鲜花遍地的平原上空以咄咄逼人的威严和权威开始膨胀并变得异乎寻常，专横的前端在阳光强烈地照耀下闪烁着白光和紫光，而暖雨像瀑布一样从水量充沛的喷口处倾泻而下，击打着鲜花和蜜蜂，淹没了干枯的河道，就像突如其来的大暴雨淹没了内华达州一样。不过，还不到半小时时间，天空中大山般的黑云已经消失得无影无踪，蜜蜂上下翻飞，好像送给他们最宜人的清爽，让他们满心感激似的。

　　截止到1月末，已经有4种植物开花了，五六种苔藓植物已经适应了植物表层的环境，正处于生命旺盛期，但是鲜花数量不足，因此大大地影响嫩叶泛绿。紫罗兰在2月的第一周就开始露脸了，到了当月的月末，平原较暖和的部分已经铺满了无数菊科植物金色的鲜花。

　　这完全是一片春意盎然的景象。每天都有新物种开花。阳光越来越暖和，越来越充足。日复一日，气氛因着蜜蜂拍打翅膀的嗡嗡声而更和谐，空气因盛开的鲜花散发的芳香而更甜蜜。蚂蚁准备好了夏天的工作，摩擦着他们僵硬的四肢关节，在洞前的杂物堆上晒着太阳，

胡椒薄荷

绿薄荷或
荷兰薄荷

内华达的
吉利花

加州的吉
利花

蜘蛛忙着维修旧网或者编织新网。

3月，植被在高度和规模上翻了一倍多；春美草（claytonial）、红娘花（calandrinia）、一株白色的吉莉花和两株喜林草都开花了，还有许多金色菊科植物，都长得很高，在风中弯着腰，摇摇摆摆，宛若波浪翻滚。

4月，总体来说，植物的生命力达到了顶峰，平原表层的所有植物覆盖了一层严严实实的紫色和金色花冠。到本月末，大多数植物的种子已经成熟，但还没有瓜熟蒂落，也没有腐烂，看起来仍然在无数像花冠的总苞伞形花头里等待着。5月，蜜蜂只能找到几种开花的植物了：百合花似的根茎的植物和绒毛类植物。

6月、7月、8月、9月是休眠的季节——这是落基山谷干热的冬季——紧接着10月，一年中最干燥的时候，也是鲜花第二次隆重盛开的时候。大堆大堆的叶子萎缩了，死亡植被的茎秆卷曲了，变成了脚下的尘埃，就像被烤箱烘烤过一般，于是，只有6英寸到3英尺高的菊科半带草（Hemizonia virgata），这种细细长长不引人注目的小植物，会突然成片成片地在几英里范围的土地上出现，就像四月鲜花的复活一般。我数了共计3000朵鲜花，5/8的每株菊科半带草花朵直径为1英寸。菊科半带草叶子和枝干都非常细小，在众多绚丽鲜花中几乎看不到它们。菊科半带草放射状花和盘心花都是黄色的，雄蕊是紫色的。放射状花质地厚实柔软，像蝴蝶花的花瓣。季候风把所有的花头都吹向了东南方，所以在面向西北方向的时候，这些花朵正好面对着我们。我们估计，这种最后长出的美化平原的灿烂菊科植物，是最有意思的小植物。直到11月，菊科半带草仍然花开不败，它联合了两三种金属丝般的绒毛类植物，把12月的花季延续到了1月的春花。因此，尽管主要花季和采蜜季大概只有3个月长，尽管在一些干燥无雨的月份花儿多么稀少，花季循环之链却从来没有中断过。

　　各种野生蜜蜂在这片甜蜜的花园生存了多久，无人知晓；或许自现在的植物群主体占有了这片土地，直到冰河时代的结束的时候吧。据说，第一群被带到加州的褐色蜜蜂是在1853年3月到达旧金山的。一个名叫谢尔顿（Shelton）的养蜂人从阿斯平沃尔（Aspinwall）的某个人手中购买了大量褐色蜜蜂，组成了12个蜂群，这些褐色蜜蜂是这个人从纽约带来的。在旧金山登陆的时候，每个蜂巢里都有蜜蜂，但他们最终减少到一个蜂巢，送到圣何塞（San Jose）去了。这些小小移民在圣塔克拉拉（Santa Clara）山谷富饶的蜂场里繁殖兴旺，数量翻了倍，第一个季节就分出了3个蜂群。之后不久，养蜂人被杀，为了清算他的资产，其中两个蜂群分别以105美元和110美元在拍卖会上出售。其他蜂群时不时地从地峡（Isthmus）运来，虽然为了万无一失而尽了最大努力，但还是有大约一半在途中丧生。有4个蜂群在1859年安全穿过了平原，蜂巢放在四轮马车的后部，下午马车停下来，蜜蜂可以在一定范围内鲜花最绚丽的地方飞来飞去觅食，一直到夜幕降临蜂巢关闭时再回来。

　　1855年，也就是第一群蜜蜂从纽约到达的两年以后，从圣何塞带来了一个蜂群，在中部大平原上放飞。然而，尽管可以产蜜的鲜花数量充足，蜂蜜价格高昂，但蜂文化在那个地方从未引起过太多的注意。那些碰巧在来加州之前对这一行略知一二的居民，在他们的居住地可以零零星星地发现一些蜂巢。但羊、牛和谷物发酵才是主要的产业，因为不需要技能或者不需要那么侍弄，而利润却比养蜂大得多。1856年，这里蜂蜜的出售价格是每镑1.5美元到2美元。12年后价格降到了12.5美分。1868年，在圣华金牧场，我与一群饥肠辘辘的剪羊毛工人一起坐下来吃饭，那里保留了15—20个蜂巢，主人建议我们不要吝惜他放在桌上的大盘蜂蜜，因为那是端上来的最便宜的一道菜。然而，我一路走来，所经之处，没有遇到一个像加州南部乡镇那样普普通通、技术娴熟的正规蜂场。那里生产出的几磅蜂蜜和蜂蜡都在家用了，几乎没有算作农场的出产品。从粗心大意的主人那里逃出来的蜂群身心疲惫，迟迟疑疑地寻找着合适的蜂窝。大多数蜜蜂去了山脚下，或是河岸边的一排大树上，在这里或许能找到一些空洞的原木或树干。我的一个朋友，去年冬天在圣华金外出打猎时，在河边碰到了一个隐藏在高高的草丛里的浣熊陷阱，他在那里坐下来休息。不一会，他的注意力被迫集中在一群蜜蜂上，这群愤怒的蜜蜂在他头上激动地飞来飞去，他这才发现原来自己坐在蜜蜂的蜂巢上了，而那里有200多磅的蜂蜜。人们知道，在萨克拉门托河和圣华金河湿润的三角洲地带的广阔天地里，这些小小的流浪者在一堆堆灯心草，或金属丝般坚硬的草丛中建造蜂巢，这些蜂巢很少能够挡风遮雨，每年春天都被洪水冲走的危险。然而，他们还有辽阔新鲜的草场，这是他们的专享优势。

目前，中央大花园的情况已经与我们所描述的截然不同了。大约10年前，淘金者彻彻底底地筋疲力尽了，这些寻找财富的——而不是寻找家园的人们，他们的注意力在很大程度上从矿藏转移到了肥沃的平原上，许多人不安于现状，开始一种盲目开掘，进行自发的农业实验。大量木材被运到容易找到水源的尚未未开发的原野上，搭建一个简易粗糙的盒子小屋，就可以得到一架联犁和12匹小野马，每一匹价值10到15美元。而这几百英亩的土地就被轻而易举翻动起来，就像这片土地已经耕种了多年似的，四季常在的坚韧草根几乎被彻底清除了。一个牧场就这样建成了，以这些空木屋为荒原的中心，野生植物群在一圈又一圈日益扩大的圈子里逐渐消失。但主要的破坏者是牧羊人，以及他们那一群群长蹄子的"蝗虫"，像大火一样席卷了大地，踩踏了每一根在联犁下幸免于难的枝条，整个平原如同没有栅栏的农舍园地。一年四季，牧场的大部分区域仍然被受到压制的蜂花所覆

浣熊

盖，因为多数种类是一年生的植物，其中许多是不受牛羊欢迎的，又由于它们成长迅速，所以得在被任何牲畜的蹄子踩倒之前成长壮大，种子成熟。因此，尽管这仅仅是原野壮观景象中的一点点隐忧，这片土地仍保持着甜美，种族绵延。

毫无疑问，这片壮观山谷的所有区域都会像花园一样被反复犁透，这一时刻就要来临了。到了那个时候，现在流入了海洋的富有营养的山泉，将会分散到每英亩土地，催生城镇成长、财富积累、艺术发展等方面的繁荣。于是，我猜想，甚至包括植物学家，去探查已经消逝的原始植物群落的人一定是屈指可数了。同时，纯废弃物不断增长——对无辜植物荒唐的毁灭——看起来景象悲惨，太阳都可能对无法回避的景象产生悲悯之情。

由于土壤、气候、湿度和光照等因素的不同，地处海岸山脉的蜂场维持的时间更长一些，比大平原的蜂场的种类也多一些。一些山脉隆起4000英尺高，在树木繁茂的区域有小溪流、泉水、渗出的沼泽地等大量涌现，种类多样，空旷的花园洒满了阳光，山丘环绕的山谷坐落在不同海拔的山脉脚下，每个山谷都有其独特的气候和朝向，拥有各类物种成长的必要条件，植物家族种类繁多。

毗邻平原的是一连串平坦的山丘，与平原略有不同，种植了品种丰富、色彩艳丽的植被——好像平原边缘被抬起又恰如其分地用鲜花弯成行云流水般的折皱，就整体奢华感而言，只是比平原区稍微低调了些。还出现了些许新的物种，比如山坡羽扇豆（hill lupine）、薄荷和吉莉花。这样一来，从斜坡上看去，一片红、一片紫、一片蓝、一片黄、一片白，五颜六色，煞是好看——在边缘周围混合起来，退后几步望去，整体看来就像一幅地图，各个区域标着不同颜色。

这片区域的上面是花园和丛林地区，种植着间距很大的常青橡树，以及3到10尺高的开花灌木——石兰类（manzanita）、几种鼠李

（ceanothus），与紫荆（cercis）、恰帕拉山地豌豆（pickeringia）、樱桃、唐棣类（amelanchier）和美檐梅（adenostoma），它们相互交错混合，野外还有许多品种，诸如醋栗类（hosackia）、三叶草、火焰草（castilleia）等等。

主山脉伸出长长的支脉，几乎与它们的轴线平行，包围着一些平坦的山谷，其中许多非常广阔，含有大量野生状态的、喜阳的美国薄荷等蜂花；但这些花对于蜜蜂来说，在很大程度上由于土地开发已经消失了。

靠近海岸的地方是一片巨型红杉林（redwoods），从接近俄勒冈州（Oregon）区域线蔓延至圣塔克鲁兹（Santa Cruz）。这些大树的凉爽深幽的树荫下的土地被蕨类植物（fern）所占领，主要是狗脊厥（woodwardia）和三叉厥（aspidium），只有少数开花植物——酢浆草（oxalis）、七瓣莲（trientalis）、猪牙花（erythronium）、贝母类（fritillaria）、菝葜类（smilax）和其他喜阴植物。但是，沿着红杉林地带的山坡上有一个阳光充足的朝南开口，在这里，高大的树林退却了，把土地让给小小的向日葵和蜜蜂。这些小蜜蜂的高耸红木墙周围通常有一小片橡树（chestnut-oak）、月桂树（laurel）和野草莓树（madrona），最后是一棵美丽出众的树，那是所有蜜蜂的最爱，最大的一棵树干有七八英尺粗，大约50英尺高，树皮是巧克力色，树叶朴素、硕大、平滑，像荷花玉兰（Magnolia grandiflora），而花朵却是白色，状似茶壶，5到10英寸长，十分对称的圆锥形。百花齐放的时候，有时就这一棵树就被整整一窝蜂巢的蜜蜂多次拜访，这么多翅膀洪亮的嗡嗡声使让听者心生猜测：正在进行的一定不是普普通通的酿造蜂蜜的工作。

多么迷人的林间花园，让人乐而忘忧，却人迹罕至，放眼望去，只见花园与大海相通。阳光经过树林的过滤，怯怯地变幻着，镶嵌和

月桂树的
花朵

蕨类

南加州海岸的
灰火焰草

塞拉的绒毛火
焰草

酢浆草

酢浆草
果实

羽扇豆

杜鹃

倾泻在绚丽的草地上，就像光线在爬满树叶的墙上随风摇曳忽开忽合，闪闪烁烁的叶子和鲜花、小鸟和蜜蜂，在春天和谐地融为一体，还有成千上万孔泉水散发出的醉人清香！在这让人陶醉芬芳日子里，大自然深沉的心跳可以在在岩石、树林的颤动上感受到，这一刻，日常纷扰、朋友、孩子、妻子都被幸福地遗忘了，甚至连蜜蜂酿蜜工作和小鸟照顾幼鸟这些再自然不过的行为都显得都有些不相宜。

在北方的洪堡（Humboldt）以及邻近的州，山坡全都被杜鹃花（rhododendron）所覆盖，演奏着春天蜜蜂繁忙工作的美妙旋律。西部的杜鹃花（azalea）高3到8尺，生长在果园和树林边缘茂密的丛林中，一点儿也不比北方的差，向南延伸至圣路易斯奥比斯波（San Luis Obispo），通常还有石兰常绿灌木，而山谷中湿度和明暗度变幻无常，生长出大量品种繁多的娇小的蜂花，如椒样薄荷（mentha）、地笋（lycopus）、小薄荷（micromeria）、唇萼薄荷（audibertia）、毛雄芯（trichostema）和其他薄荷种类，还有越橘（vaccinium）、野草莓、天竺葵（geranium）、一枝黄花（golden-rod）；沿着溪流岸边的凉爽峡谷一线，阴影并不是很大，绣线菊、山茱萸（dog-wood）、石南（photinia）、夏蜡梅（calycanthus）和其他悬钩子植物相互交错纠缠，其中一部分还会开几个月的花。

尽管沿海地区最初被白人侵占，但从蜜蜂的角度来看，自己的受损程度却比其他主要分区都要小——毫无疑问，主要是因为地表不平坦，并且为个人所有，不属于成群的"牧羊人"。这些评论尤其更适用于沿海北半部分地区。沿海南半部分地区水分少，树荫少，产蜂蜜的植物群的种类也单一。

锯齿山脊区是加州3个主要蜂场分区中最大的一个，也是小分区变化最为规律的一个，主要原因是由于中部大平原的一马平川到阿尔卑斯（Alpine）山顶逐渐上升的地势造成的。山脚区域大概和平原一样，从5月末至冬雨的到来这段时间都阳光灿烂，干燥无雨。这里的树林绿树成荫，没有潮湿的峡谷，好像与同一海拔上的海岸山区一模一样似的。大片的绿色植被由平原上群居的菊科和少许几种新物种构成，海拔1500尺或更高，一些零星的橡树和萨宾（Sabine）松树一起给绿地带来了淡淡的绿荫，其间被一片片鼠李（ceanothus）和七叶树（buckeye）林所隔断。在这片地的上面，就在森林区下面，有一片类似石南（heath，属线香石南类）的茂密黑暗的丛林带，由清一色的美楂梅（Adenostoma faciculata）构成。这种树属于玫瑰一族，高5到8英尺，长着一束束圆圆的小叶子，靠上的树枝上开着许许多多圆锥形小白花。一旦全部盛开，通常会覆盖整个草地，密不透风，绵延差不多几英里内。

　　向前走，穿过森林区，到达海拔大约9000尺的地方，有几块参差不齐的石兰（manzanita）常绿灌木地和五六种鼠李，叫做“鹿林”（deerbrush）或“加州丁香”（California lilac）。这些就是锯齿山脊区产花蜜灌木最重要的地方。蕨叶类（Chamœbatia）是一种大概1英尺高的矮灌木，开着草莓般的花朵，给黄色松木下铺了一层漂亮的毯子，似乎也是蜜蜂的最爱；而松木本身具有无穷无尽的花粉和蜜汁。如果花粉在一年中恰当的时候成熟，仅仅一棵树的产物就足以满足一窝蜂巢蜜蜂的需求。在溪流的两岸，生长着种类繁多的百合花、飞燕草（larkspur）、马先蒿（pedicular i）、火焰草（castilleias）和三叶草。阿尔卑斯山区包括绚丽的冰川草地，和无数长满几种委陵菜（potentilla），伞花马齿苋（spraguea）、龙芽草（ivesia）、柳叶菜（epilobium）和一枝黄花的小花园，还有线香石南（bryanthus）和被迷人的钟状花冠覆盖的锦绦花（cassiope）的花床。甚至连山顶都被赐予了花朵——矮小的草夹竹桃（phlox）、花荵类（polemonium）、女蒿（hulsea）等。我见过野生蜜蜂和蝴蝶在海拔13000英尺的高度觅食。然而，有许多飞到这么危险的高度以后就再也没有飞下来。毫无疑问，一些已经在暴风雨中遇难，我已经发现有成千只蜜蜂或蝴蝶身体麻木地躺在冰川上或已经死亡，或许他们受到了冰川表面耀眼的白光的吸引吧。蜂群从主人手中逃出来。现在蜜蜂的分布总体来说贯穿整个锯齿山脊，最高海拔达8000英尺。在这个高度，大雪纷飞，雪深15到20英尺，毫无顾忌地倾洒着。

总体来看，山区牧场羊群的破坏性行为没有大平原那么普遍，许多地方的草场还是很完整的，这主要归功于土壤的脆弱特性和陡斜的地势。年复一年，羊群不断耙地，在比冰碛石还有陡峭的斜坡上用羊蹄耙掘，导致许多脆弱的植物在种子还来不及成熟的时候被埋葬，遭灭绝。灌木也受到严重的啃咬，尤其是各种各样的鼠李。幸运的是，羊和牛都不会以石兰、绣线菊或美栌梅（adenostoma）为食；这些产蜂蜜的灌木丛要么特别坚硬，特别高大，要么就是生长地过于粗糙，无法接近，所以没有被践踏。还有灌木围成的墙壁和峡谷，占据了这个区域非常的大面积，由于家养的羊群难以接近，所以被盛产蜂蜜的灌木丛围了个水泄不通，里面有许许多多美丽的蜂园，隐藏在狭窄的雪崩斜面和峡谷侧面包围的深处，只有蜜蜂才会想去平坦突出的山岬顶部寻找蜂园。但是，另一方面，大部分没有被羊群践踏和啃咬的树林植物却被牧羊人烧毁、破坏了，他们在干燥的秋季到处点火，目的是烧尽残落的树枝和树下的灌木丛，他们考虑的是要提高牧场质量，为羊群腾出更多、更开阔的空间。这种为了羊群点燃的毁灭性的大火几乎席卷了这个区域的所有森林带，从一个尽头到另一个尽头，不仅仅毁灭了林下的灌木丛，还有小树和幼苗，而这些小树和幼苗却是保持森林持久所必需的；因此，实施这一系列长期的恶性行动必定会殃及多多，不仅仅限于蜜蜂和养蜂人。

犁地工作并没有波及森林地区，也没有达到可观的程度，在山脚区也没形成规模。只要可以找到水源，数千个蜂场可以沿平原边缘形成，海拔可达4000英尺。由于这个海拔的气候，使得建立永久家园成为可能，所以，把处于地势较低的蜂巢在繁盛期移到地势较高的蜂场，蜂蜜的年产量几乎可以成倍地增长。我们已经看到，山脚区的蜂场大概在5月末就衰退了，而那些在树丛带和地势较低森林区的蜂场在6月却正是最繁荣的时候，那些在地势较高和在阿尔卑斯山区的蜂场繁荣期通常在在7月、8月和9月。在苏格兰，最佳低地蜂场的繁荣期过后，蜜蜂就被装进运货车运往高地，在石南山坡释放。法国也是如此。在波兰，果园和田野上的蜜蜂以同样的方式从一个蜂场带到另一个蜂场，乘驳船顺流而下，收集岸边可爱植被上的蜂蜜。在埃及，蜜蜂被带到距离尼罗河很远的地方，再慢慢漂回来，沿路收获各种各样田野上的蜂蜜，按照季节地制定他们的活动时间。如果类似的方法被加州采用的话，生产季节可以延续差不多一年的时间。

锯齿山脊北半部分的平均海拔远远低于南半部分，小溪流连同河岸边的草地花园也并不多。尤巴河（Yuba）、羽毛河（Feather）和猎犬河（Pitt）的源头附近，有大量火山岩浆高地，稀稀拉拉地长着一些松树，阳光轻而易举地透过这些松树，直射到地面。地面上零零落落地生长着单冠菊（applopappus）、麻菀（linosyris）、巴伊亚（荆芥）、蓟（wyetheia）、甘菊蓝（arnica）、艾草（artemisia）等植物；阴面的山坡还有一片片不规则的石兰类灌木、樱桃树、李子树（plum）和荆棘。在大平原的尽头，锯齿山脊和海岸山脉蜿蜒曲折，相互交错，形成一个山脉和山谷的迷宫。贯穿迷宫的海岸和锯齿山脊植物群与温和的气候和丰富的降雨量相得益彰，使北面的迷宫成为完美的蜜蜂天堂——说来也怪，迷宫里竟然一个规范的蜂场也没有。然而，农耕技术在整个加州却得到了突飞猛进地发展，不久之后，山区野生蜜蜂的繁荣将像肥沃低地的蜂场一样彻底消失。

蔓越莓

线香石
南（杜
鹃科）

石南
（蔷薇
科）

加州丁香

草夹竹桃

飞燕草

柳叶菜

锦绦花

委陵菜

欧石南

石兰

艾草

荆芥类

二

从蜜蜂的角度全面考量沙斯塔山（Mount Shasta），包括多种气候，从高处炙热的平原到寒冷的海洋，我们发现，山顶以下的5000英尺大都被美轮美奂的雪块所覆盖，因此这片区域像海洋一样无花无蜜。这个极寒区的底部被垂直宽度大约1000英尺的裸露火山岩浆带所覆盖。美丽地衣的明亮色彩使悬崖的表面呈现出一片生机勃勃的景象，在一些较为暖和的岩石凹处，有少许几簇阿尔卑斯雏菊（alpine daisy）、糖芥（wall-flower）和钓钟柳（pentstemon）。虽然这些植物在晚夏生长得十分旺盛，但整个区域却像冰山一样几乎无蜜可采，这一岩浆岩石带的下边界可以视为蜂蜜带的上限。上限下面紧接着就是森林区，生长着丰富的针叶树（conifer），主要是冷杉（silver fir），花粉和蜜汁充足，数不胜数的多元化花园花团锦簇，其中许多相隔不到100码。再往下，是宏伟的、整整齐齐、连绵不断的蜜蜂区，其面积远远超过了冰山区、岩浆区和森林区的总和，因为它大气磅礴地伸展到整个山区的周围，幅度6到7英里，周长将近100英里。

正如我们已经提到的，沙斯塔山是一座火山，是由一连串石灰和熔化的火山岩浆喷发形成的，溢出的几个火山口边缘向外延展，如同多节树木的树干。接着，奇特的对比随之而来。冰冷的冬天来了，把冷却的山脉覆盖了一层冰雪，冰雪向四面八方缓缓地外流，以一个巨大圆锥形冰河的形式从山顶上流淌下来——一个向下爬行的冰幔落在一个阴燃热喷泉上，数百年来不断地运动挤压磨碎着坚硬的褐色火山岩浆，就这样，降解并重塑了整个山区。最终，当冰川阶段开始接近尾声时，冰幔底部逐渐融化，随着硬度减弱，变成了现在这种冰块破碎的状态，不规则的环形和一堆堆冰碛石物质就储存在了山的侧翼。

大多数沙斯塔火山岩浆岩被冰川侵蚀产生了岩屑，这些岩屑由有点棱角、大小适中的粗糙圆石和渗水的碎石及沙子组成，增强了流动水的运输能力。在大自然的管理下，沙斯塔山历史上发生的下一个标志性地质事件是异乎寻常的大洪水，在这片冰冷的岩屑上以极大的势能演绎着，大量淘洗下来的岩屑从高高的山坡上冲下来，重新沉积在山脉底部三角洲一般平坦的河床上。正是这些洪水冲刷形成的冰碛石土壤河床同时铺开，一个个扇形冲击区域的边缘与边缘连接，现在的主要蜂蜜区就是这样形成的。

因此，大自然母亲藉由那些貌似对抗的破坏力量，完成了其慈悲的设计——时而火灾，时而冰灾，时而水灾，然后是有机生命的突然出现，雪白的花瓣和翅膀铺就的银河像云朵一样环绕着绵延起伏的山脉，就像山脉边缘生机勃勃的阳光拍打着山麓，分解成植物的花海和蜂蜜的泡沫。

在这片可爱的荒野上，蜜蜂徘徊、欢闹，在充裕的阳光下嬉戏，在荆棘和越橘花（hucklebloom）之间迫不及待地攀爬着，颤动着一簇簇钟状石兰常绿灌木，时而在带蜜汁的柳树和冷杉上方嗡嗡地飞行，时而在吉莉花和毛茛植物（buttercup）中穿梭，不久又冲入洁白无瑕的樱桃和泻鼠李林的深处。他们把百合花和百合花骨朵也考虑到了，他们不辞劳苦地工作。夏季，天气晴朗的日子，在蜂场漫步，只需根据蜜蜂活动时精力旺盛的程度，就可以轻而易举地推断出这一天具体时间（生物钟）。在凉爽的清晨，蜜蜂是沉寂的。随着太阳冉冉升起，蜜蜂的精力开始旺盛，正午时分，他们狂喜地震颤着，然后精力逐渐下降，夜晚，再次回归宁静。我在冰川间的短途旅行中，偶尔会遇到一些饥饿的蜜蜂，就像远行冒险但仍然还有很长的路要走的登山者，平日里养尊处优，此时像秋天的落叶一样萎靡凋谢了。沙斯塔山上的蜜蜂或许比其他锯齿山脊区的蜜蜂生养得好。他们的野外工作就

壁蜂
（蜜蜂科）

竹蜂
（蜜蜂科）

切叶蜂
（蜜蜂科）

德国胡蜂
（黄蜂科）

熊蜂
（蜜蜂科）

掘土蜂
（黄蜂科）

狼蜂
（黄蜂科）

长针马尾
姬蜂
（黄蜂科）

是没完没了的盛宴；但是，尽管阳光令人愉悦，鲜花供给丰富，他们总是挑三拣四。嗡嗡叫的飞蛾和蜂鸟很少在一朵鲜花上驻足停留，而是在鲜花前翅膀保持平衡地向前探着，好像用吸管吮吸似的。尽管蜜蜂很挑剔，却会满怀真诚地紧紧抱住他们最喜爱的花朵，用他们那沾满花粉的呆板的脸贴着花朵，就像婴儿依偎在母亲的胸前。大自然母亲也同样温柔地用永恒的爱紧紧拥抱着小蜜蜂，养育着他们，大量的蜜蜂随即在沙斯塔山温暖的胸怀中繁衍开来。

除了普通的蜜蜂，这里还有许多其他昆虫——在家养品种出现之前，他们滋养了这些群山成千上万个阳光灿烂的季节。其中有大黄蜂（熊蜂属，bumble-bee）、壁蜂（mason-bee）、竹蜂（carpenter-bee）和切叶蜂（leaf-cutter）。体型大小和图案各不相同的蝴蝶与飞蛾，其中一些翅膀宽大得像蝙蝠，缓缓地拍打着翅膀，呈曲线飞行着；另一些像飞行的小紫罗兰，在飞向鲜花处的短途曲径途中悠闲地摇动着，日夜享受着奢侈的盛宴。许许多多鹿儿也欢天喜地地居住在蜂场的灌木丛区域。

熊也漫步在甜美的野地里，尽管大小不一，体型相差悬殊，但他们笨拙蓬松的形象与树林、缠结的灌木和蜜蜂十分和谐。他们喜欢所有的好东西，尽力去享用，只对鲜花、树叶和浆果，以及蜜蜂和蜂蜜带有微微一点讨厌的歧视。尽管迄今为止加州熊采集蜂蜜的经验还不多，却经常可以成功地找到蜜蜂丰富的仓库。我们似乎怀疑蜜蜂自己是否这么有滋有味地享用过蜂蜜，他们几乎可以用尖利的牙齿和爪子能咬开或撕开任何一个随手抓到的蜂巢。不过，大多数蜜蜂搜寻窝巢的时候，会非常明智地选择活树上的空洞，如果可能的话，离地面有相当大的距离，这样一来，他们就非常安全了，原因就是：尽管小黑熊和小棕熊攀爬技术很好，也无法保证自己不掉下来，就算掉下来也不会掉进结实的蜂巢里，在忍受挣扎的蜜蜂的刺痛的时候，无法随

心所欲地用爪子把蜜蜂拨拉掉。而这，却是黑色大黄蜂那在地面长满青苔的老鼠洞口遭遇的大祸！只需几巴掌，巨大的熊掌就能把蜂巢扯开，来了个连锅端。还没等蜜蜂发出嗡嗡声，老蜂、小蜂、幼蜂、蜂蜜、蜂蜡和蜂巢，都被一口塞进了熊贪婪的嘴里。

暴风雨丝毫不会影响到沙斯塔山植物群超乎寻常的美丽——我所说的暴风雨是指严格意义上的本地暴风雨，产生于山区，酝酿在山区，与植被一样，完全属于这个山区。他们在山顶上以这一神奇的速度孕育成熟，慈爱地赠予雨雪，让缺乏经验的低地居民一次次地大惊失色，从未失过手。经常会出现这样的情况：在宁静明媚的日子里，蜜蜂在飞舞奔波，在遥远的蔚蓝天空中就能看到一片乌云，突起状若珍珠，不断地膨胀，像植物一样默默地成长。不久，就能听到一声清晰响亮的惊雷，然后刮来一股大风，海啸般震耳欲聋的声音在所有弯曲的树木上炸响，与暴雨、雪花、蜂花和蜜蜂在暴风雨中和谐地成为一体。

给人留下更深刻印象的是春季山区那些草场温暖的返青日子。我们似乎可以听到、感受到在生命的阳光下植物的脉搏的跳动。植物就在我们眼前继续生长，森林中的每一棵树、每一丛灌木、每一朵鲜花都被视为躁动勤奋的蜂箱。蓝天深处被身披五颜六色羽毛，唱着各种各样音调歌儿的鸟儿点缀着；一片片灿烂的青蜂（chrysididœ）在优美的韵律中舞蹈旋转，金色条纹的胡蜂（vespidœ）、蜻蜓、蝴蝶，叫声刺耳的蝉，活泼好动、趣味横生的蚱蜢，在阳光下五彩缤纷。

在每一个明媚新鲜的清晨，当太阳的光芒从头上倾泻而下，从高山的阴影处可以频繁地观察到惊人的光学现象。于是，每只昆虫，不管他本身的颜色是什么，在阳光的照耀下都会呈亮白色。翅膀轻薄透明的膜翅目昆虫、飞蛾、乌黑的甲虫，都变了形，成为纯粹精灵的白色，宛若雪花。

黄喉蜂虎

　　在加州南部，蜂文化在近几年已经巧妙地引起极大的关注，其草场的数量种类与其蜂蜜植物的数量、分布面积的比例，并不比加州许多其他工业开发过的地区更大。著名的唇萼薄荷（Audibertia）属于薄荷家族，在这里茂盛地生长，尽享韶光。5月开花，能产出大量清澈洁净的蜂蜜，目前在每个出售的市场都价格昂贵。这种品种主要生长在山谷和小山坡上。山上的黑鼠尾草是稠密多刺丛林的一部分，丛林主要由桲梅、鼠李（ceanothus）、石兰类灌木（manzanita）和樱桃树组成——与锯齿山脊南部差别并不大，但更稠密，间隔时间更短，长得更高更壮，花期也更长。溪流边的花园，是锯齿山脊和海岸山脉的迷人特色，花园不多但花却随处可见，品种极其丰富，包括：草木犀（melilotus）、美洲耧斗菜（columbine）、冠林希草（collinsia）、马鞭草（verbena）、朱巧花（zauschneria）、刺蔷薇（wild rose）、忍冬（honeysuckle）、山梅花（philadelphus）和百合，在暴风雨频繁、温暖潮湿的低地里生长。临近夏末的时候，多种野生荞麦在干燥、多沙的谷地和山脉的缓坡上大量生长，这也是蜜蜂主要依赖的食物，还有四处可见的柑橘果园、苜蓿地和家庭小花园作为补充。

　　在通常的季节里，主要的采蜜时间是4月～8月，其余的那些月份通常也有充足的鲜花足够蜜蜂享用。

　　根据洛杉矶县养蜂协会（Los Angeles County Bee-keepers' Association）会长J. T. 高登先生（J. T. Gordon）的说法，引进洛杉矶的第一批蜜蜂只有一箱，是在旧金山（San Francisco）花了150美元买的，于1854年9月到达。第二年4月，这个蜂箱的蜜蜂分出两个蜂群，每个蜂群卖了100美元。从这个小小的开端开始，蜜蜂逐渐增加，到1873年已经有了大约3000个蜂群。1876年，据估计县里有15000到20000个蜂箱，每个蜂箱每年的蜂蜜产量大概100磅——在有些例外情况下产量还会更高。

在圣迭戈县（San Diego），1878年初大约有24000个蜂箱。同年7月17日至11月10日，从圣迭戈的一个港口共计运出了1071桶，15544箱，近90吨蜂蜜。最大的蜂场拥有大约1000个蜂箱，被精心地管理着，每个有价值的科学器具都正在投入使用。而只有少许几个拥有这么大的蜂场，甚至有一半这么大的也不多，而蜂场主也少有会心无旁骛专注这一事务的。目前，橙色文化（养蜂业）已经远比其他行业暗淡。

洛杉矶和圣迭戈大量所谓的蜂场仍然处于可以想象得到的简陋开拓阶段。一个做哪行都不成功的先生听说养蜂的利润大、蜜蜂也好养这个有趣的故事以后，决定尝试一下。他购买了几群蜜蜂，或是正在放养蜜蜂的草场的一部分，把蜜蜂带到某个草场丰美的峡谷脚下，擅自占用土地，也不知道是否得到了草场主的允许就架起了蜂箱，还给自己盖了一个不比蜂箱大多少的小屋，立等着发财。

在加州南部和中部区域干旱的年份，蜜蜂偶尔也会痛苦地忍饥挨饿。如果降雨量只有3到4英寸，而不是其他季节的12到20英寸，那么，就会有大量牛羊死亡。而这些带翅膀的小生物也难逃厄运，除非他们被细心喂养或搬移到其他草场。1877年会长久地留在人们的记忆里，那一年异常干旱。远离溪流边的干旱山谷几乎看不到一朵开放的鲜花，靠天降雨的庄稼地没有一块有收获的庄稼。种子只是发了芽，刚刚长出一点点就枯萎了；马、牛、羊一天比一天消瘦，一点一点地啃着溪流边低地的灌木和杂草，这些溪流自打人们从县城移居来以后首次彻底干枯了。

在那年夏天的旅途中，我穿过蒙特雷（Monterey）、圣路易斯奥奥比斯波（San Luis Obispo）、圣塔巴巴拉（Santa Barbara）、文图拉（Ventura）和洛杉矶，到处可以看到凄惨的干旱现象——没有叶子的田野、已经死亡和半死不活的牛群、蜜蜂和半死不活的人们灰尘满

忍冬

面，神情哀苦。甚至连鸟类和松鼠也悲痛不已，尽管他们的苦难没有可怜的牛群那么明显。厄运顺着炎热而萧瑟的溪流岸边，一个个地缓缓降临到每头牲畜身上，直至牲畜饥饿而死。而数千只相对来说还算胖些的秃鹫（buzzard）在牲畜上空盘旋不去，或者吃得饱饱的，站在树下的地上，坚信可以等到新鲜的尸体吃。鹌鹑谨慎地思虑着这艰难的时刻，放弃了双双私奔的念头，他们太困难了，无法成双配对，所以一年来继续成群结队地行动，完全没有繁衍后代的想法。我们走了300英里，连一窝幼鸟也没有见到，而繁殖季节已经过了。正如每个农民所知道的那样，地松鼠（ground squirrel）虽然是一个异常勤奋进取的家族，但此时求生也举步维艰：树上找不到一片新鲜叶子或残存下来的种子，大量深绿的叶子与树下光秃秃的灰色地面形成了鲜明对比。松鼠离开了他们习惯就食的地方，跑到有叶子的橡树上，去啃咬节俭的啄木鸟储存的橡果，而啄木鸟却高度警惕地观察他们的一举一动。我注意到4只啄木鸟联合起来对抗一只松鼠，把这个可怜的家伙从他们的黑栎领地上赶走。松鼠在多枝的树干周围东躲西藏，在饥饿的状态下还尽量保持动作敏捷，却发现到处都是锋利的鸟嘴。不过，那一年，蜜蜂的命运似乎是这些动物中最悲惨的。洛杉矶和圣迭戈县的不同地区，有1/2到3/4的蜜蜂纯粹是饿死的——仅这两个地方饿死的蜂群就不少于18000个，而邻近几个县蜂群的死亡率甚至更高。

　　甚至距离山区最近的群落今年也或多或少遭到了干旱的威胁，因为山脚下的少许植被遭到干旱的严重程度几乎与山谷和平原一样，就连蜜蜂最稳定的依靠——根扎得很深的耐寒丛林开的花朵也很有限，更不用说大多数丛林是蜜蜂够不到的啦。然而，当所有蜜蜂自己储存的食物开始减少时，迅速给他们提供食物，或者在他们变虚弱气馁前，开出一条通往山区的道路，把他们带到绚丽的丛林中心，这些都是救蜜蜂的方法。圣塔卢西亚（Santa Lucia）、圣拉斐尔（San Rafael）、圣盖博（San Gabriel）、圣加辛托（San Jacinto）、圣布纳蒂诺山脉（San Bernardino）这些范围几乎还没有开发，都是为野生蜜蜂留下的生存空间。大概是发生旱灾的那年8月初，也就是我去圣盖博区远足的时候，我形成了一个想法，觉得这些区域可以给养蜂人提供什么资源，有什么优势和劣势。这一范围也具备了刚才提到的其他区域的大多数典型特征，从北面俯瞰洛杉矶的葡萄园和橘子园，从常规意义上说无法接近，比我曾试图进入的其他地方还要恶劣。山坡陡峭异常，步行很不安全，被5—10英尺高的带刺灌木所覆盖。总体看来，除了几处看不到的小地方，表面全部被灌木覆盖，团团围绕地生长，优雅地扫荡了每个峡谷和山谷，在每个山脊和山顶处隆起，蓬松茂盛得无法控制，半年时间为土地提供的蜜汁比最茂密的三叶草开花时候还多。但从开阔的圣盖博山谷进行的观察，却被干热的阳光击败了，所看到的地区似乎穿着令人生畏的外衣。从底部到山顶，看起来灰蒙蒙的，静悄悄的，一片贫瘠，曾经辉煌的丛林像干苔藓一样爬满了阴暗、起伏的山脊和山谷。

我从帕萨迪纳市（Pasadena）——这个距离洛杉矶市约6英里的希望之地的一小片柑橘园出发，大约在日落时分到达了山脊脚下；步行穿过没有树荫的平原让我疲惫不堪，全身发热，所以决定扎营休息过夜。休息片刻后，我开始在小溪里，在洪水冲刷而成的圆石头中间四处寻找，找一块可以安营扎寨的平坦地方。就在这时，我遇到了一位皮肤黝黑的怪男人，他在砍伐木材。看到我，他好像非常吃惊，所以我和他在他砍下来的常绿栎木上坐了下来，赶忙向他解释我在这荒僻的地方出现的原因，我解释说，我渴望在山区有所发现，打算第二天早上就启程去伊顿河（Eaton Creek）。于是他友好地邀请我和他一起宿营，把我引进了他的小屋，这个小屋坐落在第一个山坡的脚下，一泓小小的泉水从河岸渗透出来，周围长满了野生玫瑰灌木丛。晚饭后，日光消散，他解释说蜡烛用完了，所以我们就黑灯瞎火地坐着，他用西班牙语夹杂着英语给我描绘了他的生活经历。

他出生在墨西哥，父亲是爱尔兰人，母亲是西班牙人。他做过矿工、农场工、勘探工、猎人，总是四处游荡，虚度光阴。如今他要稳定下来了，他说他过去是一个"没用的人"，但他的未来却一片光明。他要"努力赚钱并迎娶一个西班牙姑娘"。人们在这里像开发金矿一样开发水源。他的小木屋后面一直经营着一座穿过大山支线的隧道。他说："我的前景一片光明，如果我有机会引入更大的溪流，我很快就能挣到5000—10000美元（水对于在当地采矿的人来说就像金子一般珍贵），因为我在那里有一块占地面积不大的不规整的平地。"这块地面积大约2—3公顷，由伊顿河洪水季节冲刷堆积的圆形碎石屑堆积而成。"这块平地足有一座柑橘园那么大，当柑橘园非常合适，小木屋后面的河岸也可以作葡萄园。我给我的果树和葡萄藤浇完水以后，剩下的水我可以卖给住在山谷下面的邻居。""然后，"他补充道："我也可以通过这个途径养蜜蜂赚钱，因为夏天这里的山上到处都是蜂蜜，一位山谷下面的邻居表示他可以提供一整套完整的蜂房作为启动股份。你看我有这个好事，我现在的生活很好。有这些美好愿景都建立在这块洪水冲成的碎石平地上！抛开蜜蜂不提，大多数的财富追求者也一定会很快想到在沙士达山顶上安家落户的。"

从木屋向上走大约一个半小时的路程有一处"瀑布"，是人们在山谷里发现的最美丽景色。这是一个迷人的小景：水流从一个35—40英尺高的礁石缺口流入如一面圆镜子般平静的水池，声音轻缓、甜美，像鸟儿的鸣叫声，十分美妙。瀑布后面的山崖和两侧均匀地覆盖和点缀些许苔藓，使得白色的瀑布如美丽的浮雕一般，如同一件放在天鹅绒盒里的银器。夏天，圣盖博的少男少女们到这里来采摘蕨类植

约塞米蒂瀑布

约塞米蒂与小约塞米蒂山谷之间的
阶梯瀑布

内华达瀑布

物，在清凉的水中消夏，度过炎热的假期，为远离他们天天待的棕榈园和柑橘园而高兴。水流冲到岩石裂隙上，如同精致的少女头发一般披散开来，阔叶枫（broad-leaved maple）和梧桐树（加州悬铃木，sycamore）的树荫柔和地笼罩在水池前缤纷的蜂花上。瀑布、花、蜜蜂，覆盖着蕨类植物的岩石和树荫，构成了一首小小的迷人的野外诗篇，这样的画面从崎岖不平、水花飞溅的宽阔的伊顿山谷一直延伸到德州圣安东尼市（San Antonia）繁花似锦的山坡上。

我从瀑布底部出发，沿着伊顿盆地西侧边缘的山脊向其中一座海拔约5000英尺的主峰前行。然后，我转向东方，穿过盆地中部，横跨许多海拔较低的山脊和盆地东部边缘，途中随处可见花繁叶茂的蜂花灌木丛，我登山以来首次看到这种景象。沙士达山上的大部分灌木丛都紧贴地面，枝叶茂密，大约有3—4英寸高的茎秆裸露在地表外面，穗芒与枯枝交错，如同绊马索一般，即使熊也难以通过。我在这里被迫匍匐前进了数英里，路上可以不时看到树丛上熊在强行穿越时被刮下的一簇簇棕色的毛。

瀑布上方100英尺左右的岩石太高了，只有坚硬如靠垫般的石松（club-moss）才能附着得上。山峰已经被风化得如同几百码的薄刀片，长满了浓密的灌丛（chaparral）。到处都是岩石形成的空地，站在那里，可以远眺植被茂盛的山谷，甚至看到海洋。空地既是看风景的绝佳位置，同时也是熊、狼、狐狸、野猫等野生动物喜欢的休憩之地，这种地方在途中比比皆是。因此，在这里建蜂牧场必须把这一点考虑进去。在丛林深处，我发现了一个林鼠（wood-rat）村庄，成排的木屋，有4—6英尺高，由木棍、树叶、锥形桩简易搭建而成，非常像麝鼠（musk-rat）小木屋。同时，我也发现了许多蜜蜂，大多数都是野生的。蜜蜂看起来温顺却无精打采和双翅无力，仿佛他们是从无花的平原一路飞奔而来似的。

到达山顶后，由于时间所限，我只能匆匆忙忙地扫了一眼整个盆地，当时看到在金色的夕阳下，盆地闪耀着绚丽夺目的光芒，然后，我就急急忙忙地下到支脉寻找水源。摆脱了一片千篇一律的广阔丛林以后，我发现自己无拘无束地站在一座公园般美丽的常绿橡树果园里，地上长着三叉蕨和野蔷薇，光鲜的橡树叶子像密不透风的华盖一样罩在头顶，挺拔的灰色树干下露出了整个平原，层次交错，十分美丽。我第一次来山谷的时候，地面干燥，但一堆猩红色红纹沟酸浆草（mimulus）却提示我水源就在不远处。我很快就在一处岩石的凹陷处发现了接近一桶的积水。然而，水里浸泡的全是蜜蜂、黄蜂、甲虫的尸体，同树叶一起在炎热的阳光下煨着，所以，这些水需要通过木炭煮沸和过滤以后才能饮用。沿着干枯的河道向前走大约1英里，就到了一个更大支脉的交叉处，我发现了很多碎石围成的水池，如水晶一般清澈，水流满溢，与闪闪发光的小溪水相连，溪水水流够大，所以潺潺流水声清晰可闻。盛开的花朵点缀两岸，百合有10英尺高、飞燕草、美洲耧斗菜（columbine）、茂盛的蕨类等大量植物垂在水面上，呈拱形罩在水面上，圣洁的橡树展开它那坚硬的臂弯笼罩了一切。我将我的床铺在光滑的鹅卵石上，选择在这里宿营。

第二天，我沿着支脉一条干枯的河道向德州圣安东尼峰（Mount San Antonio）前行，途经了15—20个花园，与我前一夜的宿营地一模一样，每一处都有盛开的百合花，景象十分壮观。我选择的第三个宿营地点在大盆地的中部附近，位于一组10—200英尺高的多瀑布系统的源头，瀑布一个接着一个，流向人迹罕至满是岩石的山谷里，这些瀑布的总落差将近1700英尺。溪水在瀑布上，在阳光下肆意地流淌，其中最大的一处溪水水面大约有1英亩大小。溪水周围，野生蜜蜂们在生长茂盛、硕果累累的柳叶菜（zauschneria）、火焰草类（painted cup）、美国薄荷（monardella）等植物中间穿梭，大快朵颐；灰松鼠

（gray squirrel）也在忙着采摘道格拉斯云杉（Douglass spruce）的刺果，这种云杉是我在盆地遇到的唯一一种针叶树。

盆地东部的山坡和我们之前描述的其他地方差别不大。站在最高峰，目之所及，是一座庞大养蜂牧场的景色，到处都有随风飘动的野生的蜂花，零星点缀着些许树林以及露在山坡顶部和山脊外的岩石。

出了圣布纳蒂诺（San Bernardino）山区，就到了野生的"蒿草和灌木的国度"。这片地域东部与科罗拉多河（Colorado river）毗邻，向北一直延伸到内华达州（Nevada），与塞拉山（Sierra）东侧接壤，比莫诺湖（Mono Lake）向东更远。

这块辽阔区域面积占据近全国总面积的1/5，其中大部分地区，包括欧文斯谷（Owens Valley）、死亡谷（Death Valley）和莫哈维低地（Sink of the Mohave），通常都被视为沙漠地区，不是因为没有土，而是缺少降水以及可供灌溉的河流。但是在蜜蜂的眼里，这一地区与沙漠却相去甚远。

纵观全国正在运营的牧场，看得出牧场养蜂业似乎仍然处于起步阶段。即使是在更有魄力的南方地区，养蜂业虽然势头很好，蜂蜜资源连1/10都未开发；而在大平原、海岸周围、内华达山脉，以及沙士达山北部地区，就很难说有养蜂业存在。将来，随着交通成本的降低以及先进养殖方法的发明，还有什么会限制养蜂业呢。当然，不能一概而论；在另一方面，我们可以估量出森林植被的破坏对养蜂业的影响，如今火灾和砍伐过后，森林损失立竿见影。至于羊群啃咬带来的灾难，现在已经是前所未有的大。总而言之，尽管受到各种各样野生环境恶化和破坏的影响，加利福尼亚州，以她无与伦比的气候和植物种类，仍然是世界上最适宜的蜜蜂栖息地。

约塞米蒂的鸟

　　来到塞拉国家森林公园（Sierra Forests）的游客常常抱怨这里缺乏生机。他们说："这里的树木生长得很茂盛，但是空旷寂静得可怕；我们没有看到一个动物，甚至一只鸟也没有见到过。"在森林里，我们都听不到鸟儿唱歌。一点也不奇怪！他们通常都是一大帮人在一起，牵着驴和马；他们的动静很大；他们穿着古怪，服色也与自然格格不入；所有的动物都会唯恐避之不及。假如松树会跑的话，也会吓得拔腿就跑。但是真正热爱自然的人，会非常虔诚，会保持安静，睁大眼睛，带着爱心去看去倾听。这样的人肯定能够发现这所山间公寓的居民，这些居民也会很高兴看见他们。且不说那些体型庞大的动物或者体型娇小的昆虫，在瀑布里也会发现美洲河乌（ouzel），每棵树上都有松鼠、美洲花鼠（tamias）或其他鸟儿：娇小的鸭（nuthatch）穿梭于一排又一排的树木之间，高兴地低吟浅唱着，灵巧地撬开一块块松动的树皮查看边缘卷曲的地衣；加州星鸦（Clarke crow）或松鸦（jay）在查看球果；某个歌手——金莺（oriole，实际上是拟鹂），唐纳雀（tanager）或是森莺（warbler）——在休息，觅食或是处理家庭事务。鹰（hawk）和雕（eagle）在头上盘旋，松鸡（grouse）在草丛里欢快地走着，歌带鹀（song sparrow）在丛林里唱着。那里确实没有成群的人。与东方的树（Eastern tree）不一样的是，塞拉国家森林公园的树大部分都有200英尺高，许多鸟儿在森林里演出，整片森林到处都是他们的燕语莺声。不过，每到夏季，整个山脉，从丘陵到雪峰，也是歌声处处；到了冬天，尽管歌声低沉单薄，却从来不曾停止过。

雄艾草松鸡（sage cock）是塞拉国家森林公园里最大、最贪玩的鸟儿，也是美国鹧鸪的王者。他体型健壮，外表漂亮，坚强，勇敢，独立，能够适应各种各样的环境：酷热，严寒，干旱，饥饿以及各种各样的风暴。他可以以各种植物种子或昆虫为食，或者只食用北美艾灌丛的叶子为生，不论他走到哪里，都有充足的食物供给。冬天，气温常常在零度以下，狂风暴雪肆虐，雄艾草松鸡卧在艾灌丛下，任由自己被白雪覆盖，时不时地从雪中伸出头来吃窝边的叶子。就连北极的雷鸟也不会像雄艾草松鸡这么勇敢，出现在暴风雪和冬日的黑暗里。雄艾草松鸡展开翅膀的时候非常漂亮。他还长着又长又尖、结实异常的尾巴，走起路来尾巴微微向上翘起，前前后后地摆动着。雄艾草松鸡的脖子、后背、翅膀都是黑白相间的，非常好看，体重约56磅，体长大约30英寸。雌性雄艾草松鸡通体棕色，体型比雄性稍小。他们偶尔会从鼠尾草丛漫步到松林里，但绝对不会进入针叶林。只有在广阔无垠的干燥半沙漠地带的艾草丛里，他们才会有家的感觉，这种地方夏天炎热，冬天寒冷。如果有人经过的话，他们就会蹲坐在灰色的土地上，低下头来，以免被看到；但当人接近到大约一竿距离时，他们就会猛地拍打翅膀跳起来。他们的体形大小跟火鸡差不多，跳起的动作犹如旋风一般。

6月28日，在欧文山谷（Owen's Valley）里，我抓住了一只刚会飞的雄艾草松鸡。他身长有7英寸，灰色的羽毛，喙尚不尖利。我把他捕获以后，他精力充沛地尖声叫着，那声音就像哨声，清脆得就像男孩用柳叶做的哨子。我曾经在约塞米蒂国家公园东边看到过一群雄艾草松鸡，大概三四十只，这里地处莫诺沙漠（Moro Desert）与塞拉国

奇特的咸水湖莫诺湖

家森林公园灰色山谷的交界处；但是自从有人在那里放牛后，雄艾草松鸡的数量就一年比一年少了。

此处作者所说的蓝松鸡疑为某种鹑类。

　　还有一种比较华丽的鸟，那就是蓝色或暗色的松鸡，他的体型只比雄艾草松鸡略小些，整个森林中随处可见他的身影，但是总体数量却不多。松鸡最喜欢的是花园或牧场开阔地带的冷杉树，因为这些地方没有天敌可以隐藏的灌木丛。就是这样一群勇敢的鸟儿，他们在阳光灿烂、花儿朵朵的隐蔽的草场上或约塞米蒂中心山谷里漫步和觅食的时候，生平第一次看见人的时候，他们大吃一惊，兴奋地叫着，飞落到最低的树枝上，似乎在猜想着这个漫步者是什么动物，表现出强烈的渴望，想要好好观察一下这个直立行走的动物。对于枪，松鸡一无所知，所以他们允许你在6步以内观察他们，之后便会悄悄地跳到高一点的树枝上，或是飞到旁边的树枝上。松鸡不会刻意去隐藏，因此你可以一直观察他们，近距离地观看他们翅膀的形状、脚趾上的羽毛，还有他们漂亮又野性的眼睛中那单纯好奇的目光。但是在邻近马路和铁轨的地方，松鸡就会变得羞答答的。松鸡受到惊扰以后，就会飞到叶子最多、最高的树枝上，转眼间就消失不见了。原来他们还是很会隐藏自己，保持安静，运用身体的颜色保护自己的。松鸡还能在猎人准备好之前逃走。猎人可能会看见12只蓝松鸡飞进一株高大的松树或杉树里，他会目不转睛地盯着树枝，尽力用眼睛还有枪去寻找蓝松鸡，围着树转了一圈又一圈，但这都是徒劳无功，他就连一根羽毛都看不见，除非他凭借丰富经验和对蓝松鸡的了解，练就了一双锐利的眼睛，也可能在猎人看来树是中空的。鸟儿可能都藏在里面的时候，会突然爆发，拍打着翅膀，呼呼作响，全速前进，一鼓作气穿过森林。

　　在夏季，松鸡绝大部分时间会待在地上，以昆虫、种子和浆果等为食，生活在开阔的场所的边缘或冰碛石中，终日闲逛，嬉戏，享受日光浴和沙滩浴，在小湖泊或小溪中饮水。冬天，松鸡大部分时间都住在树上，以树芽为食，晚上用稠密重叠的树枝遮盖自己。风暴来临的时候，则生活在树干的背风面；风和日丽的时候在树干的向阳面晒太阳。有时，松鸡还会潜入雪沫中拍打翅膀或打滚，很显然是在运动或者娱乐吧。

我曾经在6月的时候，在海拔8000英尺的地方看见一窝小蓝松鸡在冷杉树下奔跑的情景。因为在平坦宽阔的地方几乎没有可藏身之处，所以当危险来临之际，雌鸟发出奇特的叫声，让那些娇小无助的小鸟分散开来躲藏到树叶下或者小树枝下。而后，雌鸟假装受了伤，自己摔到你的脚下，蹬着腿，喘息着，拍打着翅膀，想把你的注意力从小鸟身上引开。小家伙们在7月中旬就差不多会飞了，但是，即使他们已经会飞了，雌鸟还会建议他们逃跑，东躲西藏，躺下静止不动。无论危险已经怎样多逼近，雌鸟会继续她那爱心满满的欺骗行动，显然是关心那些羽翼未丰的小家伙的安全。不过，有些时候，她在仔细了解了周围环境后，会告诉孩子们使用翅膀，然后他们就会像指南针上的刻度一样呼呼啦啦地四散开来，就如同火药爆炸一般，巧妙地跑了三四百码远，一直静静地待着，直到危险过去，雌鸟呼唤他们，他们才出来。如果你走开一些，证明你没有要猎杀他们的意图，你可以坐在不远处的树下耳闻目睹他们欢快团聚的情景。一次对自然的触摸，让全世界都成为一家人。鸟儿们小小的声音是多么美妙，穿过树林抵达我们的心中，这是多么遥远的距离呀！那声音是多么完美，跟人类一模一样，充满了关爱之情，很少有登山者不为之动容的。

小家伙们一直处于被保护状态，直到完全长大。8月20日，当我路过圣华金（San Joaquin）水边花园的时候，一只松鸡从一棵杜松枯木中飞了出来。这棵杜松是被头顶悬崖上落下的雪崩连根拔起的。她

艾草松鸡

山翎鹑和冠齿鹑

把自己摔在我的脚边，一瘸一拐的，拍打着翅膀，喘着气，正如我所推测的那样，她在这里有巢穴，并且正在养育第二窝。在我找鸟蛋的时候，我惊奇地看到一群跟雌鸟一样大小、翅膀一样强壮的小鸟从我身边飞了起来。

当寒冬的风暴来袭，蓝松鸡并没有去寻找暖和的地方，而是一直待在塞拉国家森林公园的高处。我从没有听说他们在任何一个季节受过苦。他们可以以松树、云杉、冷杉的芽为食，所以他们食物的供应方面不假外求，而食物问题经常给我们带来困扰，驱使我们放弃最喜欢的工作四处迁徙。虽然松树芽漆黑漆黑的，但是假如我也能以松树芽为食，拥有这么了不起的自立能力，那该多好呀！为了获取那些资源，人类在觅食方面遇到的困难要远远多于其他科的动物。

山鹑，或者叫长羽毛的鹌鹑（山翎鹑，oreortyx pictus plumiferus）在公园高处地方比较常见，但在任何地方数量都不多。夏天，他比蓝松鸡更能忍耐高温酷暑，可是在冬天却不耐暴风雪。山鹑埋好食物以后，就会飞进海拔大约2000到3000英尺高的山谷里，那里长满灌木丛。与所有登山者一样，当春回大地的时候，山鹑也会从最低处回到山峰。我想，他们是美国最漂亮、最有趣的山鹑，他们要比美国最著名的美国鹑体型还要大，还要漂亮，甚至赛过了精致的加利福尼亚山谷鹌鹑、亚利桑那州和墨西哥州的马森纳山鹑（Massena partridge）。可是，山鹑并不是那么引人注意，这是因为大家对他这样的孤独登山者不了解。

山鹑的翅膀有一点淡淡的阴影，上面是棕色的、下面是白色和深栗子色的，两边翅膀上都有一些黑色、白色和灰色的小斑点。头上漂亮的羽毛有三四英寸长，两根羽毛紧贴在一起，看上去就像一根，羽毛欢乐地向后倾倒着，就像男孩帽子上插的羽毛一样，令他的外貌非常独特。一窝山鹑通常从6只到15只不等，他们漫步在在幽静的山上，鼠李（ceanothus）和熊果（manzanita）、野樱桃丛下，干燥的沙滩上，冰川草地上，山脊上，冰川湖边的杜鹃花丛里。特别是在秋天，当山上花园里的浆果成熟的时候，山鹑会发出低沉的咯咯的叫声作为联系的信号，以此保证家人在一起。当山鹑受到突如其来的打扰，担心逃进灌木丛也无法躲避危险的时候，他们就会发出相当洪亮的呼呼声，飞起来，分散到周围半平方英里的树丛中，还有一些山鹑会一头扎进叶子多的树上。当危险一旦过去，鸟儿的父母就会发出像笛子一样的声音，把其他家庭成员重新召回聚在一起。到了7月底的时候，多数幼鸟已经长大，完全可以飞翔了，但也只有在特别需要的时候，鸟儿才会强迫自己动用翅膀飞翔。他们的步态，动作，习惯和行为都和家养的鸡相似，不过，他们要健康得多，常常东瞅瞅西望望，寻找昆虫和种子，抓掉落的树叶，跳起来扯茅头，用低沉的声音咕咕鸣叫。

　　有一次，我坐在默塞德（Merced）河源头的一棵树下画素描，听到后面的山谷里有一群鸟的叫声，听声音越来越近，我知道他们到我所在的地方觅食来了。我一动不动，希望可以看见他们。很快便有一只鹑在距我三四英尺的地方出现了，而他并没有发现我，因为我的衣服是棕色的，看起来很像树皮，还误以为我是一棵树桩或者我背靠的树干突起部分呢。不久，一只接一只，又有了后来者。能够这样近距离完全不受打扰地看到这么漂亮的鹑，看他们的行为举止，听着他们低沉平和的叫声，真让人喜出望外啊！最后，有一只鹑注意到了我的眼睛，于是安静地、惊奇地看了一会儿，接着发出了特别的声音，紧接着其他鹑也发出了急促的嘀嘀咕咕的声音，就像在发言讨论一样。其余的鹑听到了报警声以后自然也发现了我，于是也加入了讨论，口里啧啧称奇。他们盯着我交谈着，表情是吃惊的，却不害怕。接着，所有的鹑都不约而同地带着这个消息向不知情的鹑群跑去。"他是什么动物啊，他是什么动物啊？哦，你从来没见过这样的吧？"他们似乎在说。"不是鹿，不是狼，也不是熊，快来看看吧，快来看看吧。""在哪儿啊？在哪儿啊？""就在那棵树下。"看着他们小心翼翼地靠近我，从我所在的那棵树旁经过，伸长了脖子，一个一个地轮流过来看我。在接下来的15到20分钟里，他们大着胆子来来回回，走到距我只有几英尺的地方，用迷人的声音叽叽喳喳地讨论着我这个奇观。最后，他们的好奇心终于得到了满足，开始分散开来又去觅食了，朝来的方向折返回去。而我却依依不舍地不愿跟他们分开，于是悄无声息地尾随着他们，在灌木丛中爬着，跟了他们一到两个小时，了解了他们的习性，知道了他们最爱吃什么种子和浆果。

这些加利福尼亚山谷鹌鹑（valley quail）不是登山者，他们很少进入山地公园，只是偶尔出现在西部边界的低地。山谷鹌鹑是属于长满灌木的山谷、平原、果园和麦田的，其数量是山鹑的100多倍。山谷鹌鹑是非常美丽的鸟儿，大小和山齿鹑（Bob Whited）差不多。山谷鹌鹑的头非常漂亮，有四五根1英寸的羽毛，向后蜷曲着，有时会直立起来，有时会向前下垂。这种山谷鹌鹑在春天的叫声——皮查啊，皮查啊，嗬，嗬——在整个低谷地带，无论远近都能听得一清二楚。尽管每个季节都有大量的山谷鹌鹑被男孩、猎人、或者从城里来的射击练习者射杀，鸟儿的数量从这个国家移民伊始就呈现大量增长的趋势，原因是因为人类的破坏行为导致了不平衡，给鸟儿提供了大量的食物，同时猎杀了鸟儿的天敌——郊狼、北美臭鼬（skunk）、狐狸、鹰和猫头鹰等等。郊狼和北美臭鼬多的地方，不足1/100对的鸟儿仍能成功地繁衍出一大窝。这些鸟儿非常清楚人类给他们提供了很好的保护，天敌的数量也大量地减少，因此，尽管他们天性害羞，他们也还是喜欢在房子附近筑巢。每年春天都有四五对鸟儿在我家小屋上做窝。有一年，一对鸟儿在距离马厩的门四五英尺的稻草堆上筑巢，因为在距离自己一两英尺的地方，马的主人拉着马进进出出的，他们没有下蛋。多年以来，有一对鸟在花园的苇丛里筑巢，还有一对在村舍屋顶的常春藤上做窝。每当幼鸟孵化完毕，看着雌鸟和雄鸟一起带着几个绒毛球从屋顶上下来是一件十分有趣的事。雌鸟和雄鸟都非常兴奋，他们冲着那么多孩子们紧张地叫着，指导着，这声音吸引了我们的注意力。劝说幼鸟们从房顶跳到常春藤掩映的门廊顶上，这倒是不太难，麻烦的是劝说幼鸟们从门廊顶上安全地跳到地上，这个高度可有10英尺呢，看上去这些脆弱柔软的小东西很容易摔死。紧张万状的雌鸟和雄鸟带着幼鸟们来到绣线菊丛（spiraea）的上方，这里离屋檐很近，他们似乎知道在这里完成下落的动作容易些。无论如何，雌鸟和雄鸟还是把幼鸟带到这里，经过长时间的哄劝和鼓励，终于让幼鸟让自己滚了下来。幼鸟从柔软的叶子上滚落下来，经过圆锥花序（panicle），滚到了行道上。说来也怪，竟然没有一只受伤的，只有一只幼鸟就像死了似地躺了几分钟，而后也恢复过来了，见状，雌鸟和雄鸟都喜·之不尽，骄傲地带着一窝幼鸟开始了生命之旅，翻过村舍所在的那座小山，穿过花园，沿着桑橙（osage orange）树篱来到樱桃果园。这些漂亮的鸟儿还进入城镇和乡村，那里的花园好大呀，还禁用枪支捕猎呢。他们有时会飞到几公里以外去觅食，到晚上再回到他们那常春藤或是灌木丛中的栖息处。

雁有时也会出现在公园里，但不会停留很久。有时，一大群雁翻山越岭，漫步至赫奇·赫奇公园或约塞米蒂公园，在那里做短暂的休整，休息一下，找点什么吃的。如果这时有人朝他们开枪的话，他们就会大惑不解，痛苦地寻找出路。我曾经看到过他们从低洼处或者河中飞起来，一圈圈地盘旋着上升到大约四五百英尺的高度，接着排好队试图飞跃高山。可是，约塞米蒂公园就像欺骗人似地欺骗那些雁，因为他们会突然会发现自己撞到悬崖，而不是到达了顶峰。于是他们

臭鼬

黑尾兔

变得迷茫起来，开始在那个奇怪的高度上大喊大叫，然后去尝试另外一侧，直到筋疲力尽不得不去休息为止。只有当他们发现河流的时候，他们才能找到逃跑的出路。常常可以在春天看到一大群钉耙状的雁群翻山越岭，他们的飞行高度大约是14000英尺。你且想想看，雁的翅膀在那么稀薄的空气中，支撑那么沉重的身体，雁的翅膀该有多强壮啊。在这样的高度，空气的密度只有海平面的一半，可是他们却勇敢地身着盛装坚持着，吸入足够的空气，大声鸣叫着。当他们飞越塞拉山顶以后，就可以一路顺风从天空滑翔到莫诺河，到了那里，就可以想休息多久就休息多久了。

鸭子有五六种之多，其中有绿头鸭（mallard）和美国林鸳鸯（wood duck），他们会跟随春天的脚步来到山的中心地带，到了秋天的时候会带着一家老小下山。有一些不愿意离开大山的鸭子，会在海拔低的公园过冬，那里的高度是三四百英尺，那里的主要溪流绝对不会完全冻结，雪也不会下得太厚，积得太久。夏天的时候，鸭子喜欢到海拔11000英尺高的湖泊或者河流的支流去。一些小溪流除外，鸭子更喜欢在那里去滑雪。6月1日的那天，我在特亚纳湖（Lake Tenaya）看到过绿头鸭和美国林鸳鸯。6月20日的那天，我在布拉迪湖（Bloody Canon Lake）上也看到过一群幼鸭，他们都在冰雪半融的时候来滑雪。他们经常成双成对地出现，而不是一群一伙地出现。对于这些勇敢的游泳者来说，什么荒野，什么乱石，什么偏僻，什么河流湍急，全都不是事儿。他们在奔腾的激流中，仿佛置身家园，就像到了广阔的冰蚀河谷的湖泊和平缓的河段一样安宁。他们尽情地投入波涛汹涌的水中，自信地漂流着，穿越拍打着水花，在巨石浪花间飞舞。当遭遇暴风雨的风吹浪打时候，当普通海鸟都难以抵挡的时候，他们美丽依旧，安然依旧。

母鸭带着10个孩子大摇大摆地在湖中打转，他们的两侧有巨石，

草原狐

美洲狮

金雕

加拿大黑雁

绿头鸭

欧亚金
鸻与美
洲金鸻

上下左右有瀑布，构成了一幅我所看到过的最有趣的鸟儿图画。

我从来没有在公园的湖泊里发现过北方的潜水高手。大部分鸭子都很难接近公园的湖泊。因为他们翅膀很小，身体却很沉，鸭子可能会重重地沉进湖里，却很难跳出来。时不时会看到一只鸭子出现在从塞拉湖低洼处到北方拉森斯布特（Lassens Butte）和沙士达（Shasta）一带，这里的高度大约是海拔四五百英尺，在这样野生的环境里，听到他那野性的叫声，让这原本就很孤寂的地方显得更加孤寂。

鸻（plover）出没于所有山间湖泊的沙滩上，在水边优美地游走觅食，捡虫子吃。在人们所熟悉的鸟儿中，很少有需要自娱自乐的，而这些鸟却有这种需要，让人感觉饶有趣味。

沙丘鹤（sandhill crane）有时会出现在较小的湿地里，而小湿地与巨大的森林相比只不过是几个点罢了。这些地方的海拔大约是6000到8000英尺，沙丘鹤最早会偶尔成双成对地出现在5月末。与此同时，在冷杉和糖松里，大雪依然很厚，还没有融化。在阳光明媚的秋日，一大群沙丘鹤会在森林上空飞翔，他们咕咕嘎嘎，一波波的发自肺腑的心声，那浑厚的声音震颤着新鲜的空气，他们一起高声叫着，扇动着漂亮的翅膀盘旋好几个小时，宛若在天空中漂浮的彩云朵朵。他们看着下面的起伏的陆地像地图一样铺开，许多斑点状的湖泊、冰川、沼泽，条纹般影影绰绰的峡谷和溪流，寻找着100英里之内的每一块有蛙的湿地和平坦的沙滩。

雕和鹰常常会出现在山脊和山顶上空。我观察他们的最高位置是在霍夫曼山（Mount Hoffman）主峰之上，海拔大约12000英尺，位于公园的中央。有几对雕和鹰在山崖上筑巢，夏日里，每天都能看到他们捕捉土拨鼠（marmot）、山河狸（mountain beaver）、鼠兔等等。有一对金雕甚至早在我30年前来到约塞米蒂的时候就已经在那里安家了，他们的巢就在内华达瀑布山崖（Nevada Fall Cliff）的上面，自由峰（Liberty Cap）的对面。他们的叫声在花岗岩崖壁中间巨大的山坳里非常悦耳动听，回声在山谷中响个不停。

但是，在所有塞拉高处的鸟儿中，最奇特、最吵闹，却也最负盛名的是美洲星鸦（克拉克星鸦，Clarke crow，Nucifraga columbiana）。他体长1英尺，展开翅膀时达到2英尺，身体大部分呈尘灰色，翅膀是黑色的，尾羽是白色的，喙强壮而锋利。松子是他的主要食物，他用这样喙啄开松球吃松子。克拉克星鸦动作敏捷，爱吵爱闹，总是飞飞停停，运动和叫声毫无规律。克拉克星鸦的叫声非常大，还总是炫耀自己——他会突然俯冲下降，在峡谷和山谷间低飞划着弧线，从一个山脊到另一个山脊，之后落在枯死的圆木上，警觉地环顾四周。而后再飞离那弹性十足的干燥栖木。克拉克星鸦不时地一声声高叫着，那叫声在寂静的天空里，在1英里之外都能听到。克拉克星鸦住在高处与风暴相背的森林边缘，在那里，山松（mountain pine）、杜松（juniper）和铁杉（hemlock）长在冰川两侧和粗糙的山顶边缘，矮松（dwarf pine）低低地蜷曲地长在山顶两侧，树与树之间间距很大。在这样空旷开阔的地带，克拉克星鸦当然很容易被发现。所有人都注意到了他，但开始没有人知道他是什么动物。有人猜测他是啄木鸟，有人猜他是乌鸦或某种松鸡，还有人说是喜鹊。他似乎是融合浓缩了上述各种美丽鸟儿的集合体，同时具备了他们的力量、狡猾、腼腆羞涩、盗窃成性、警惕性高、怀疑和好奇等品质。克拉克星鸦飞起来像啄木鸟，敲打枯萎的枝干找虫子吃，在松球上啄个大洞吃松子，用脚趾夹住坚果来敲打。克拉克星鸦叫起来像乌鸦或者暗冠蓝鸦（Steller jay）——只是声音更响亮，更刺耳，更令人生畏，他除了会发出乌鸦似的叫声和尖叫，还能发出小声说话的声音，好像是在吹毛求疵似的。跟喜鹊一样，克拉克星鸦也喜欢偷一些对自己根本用不着的东西。有一次，我在教堂湖边的树林里搭好帐篷，去湖边洗手的时候碰巧把一块香皂落下了，几分钟后，我发现克拉克星鸦带着我的香皂从我身边飞过，穿过了小树林。

冬天的时候，雪下得很厚，山松没有球果了，杜松、铁杉和偃松被大雪掩埋，克拉克星鸦便会来到蓝叶松（黑材松，金牛松，yellow pine）树林寻找种子，他洪亮的尖叫声把松鸡吓了一跳。但尽管是在冬天，当天气温和的时候，克拉克星鸦还会待在高处山上的巢里，对抗着霜冻。有一次，我在沙士达山树林边界被暴风雪封了3天，当风雪怒吼号叫着从我身边扫过时，一只勇敢的小鸟——克拉克星鸦飞到我的帐篷前，站在一棵松树的高枝上啄一颗松球，虽然这棵松树已经被掩埋了一半，小鸟却没有流露出丝毫畏难情绪。我看到克拉克星鸦最早的时间是在6月19日，他们在海拔超过1万英尺的地方哺育幼鸟，而此时山地的绝大部分还是白雪皑皑。

克拉克星鸦特别害羞，一遇到旅游者，他们就会躲得远远的，远到他们认为刚好被看到的地方；但是，如果人们继续向前走，看上去好像没有发现他们似的，或者坐下来不走了，他们的好奇心就会迅速膨胀，战胜了谨慎的习性，就会从一棵树飞到另一棵树上，离人越来越靠近，来观察你的一举一动。我想恐怕没有哪种鸟会像克拉克星鸦一样对外界这么怀疑，对自己这么信赖。克拉克星鸦的叫声特别刺耳，与他的叫声比起来，雕的叫声都显得不难听了。与自然战斗，受苦受难，艰苦奋斗的登山者一定非常钦佩他的力量和忍耐力——钦佩他勇敢面对山上恶劣的天气，在冰雪中披荆斩棘前进，关爱孩子，在条件恶劣的荒野上挖掘食物，维持生命。

比克拉克星鸦（Nucifraga）住得还要高的是灰头岭雀（sparrow, *Leucosticte tephrocotis*）。灰头岭雀体型娇小，头上的羽毛是暗褐色的。从早春到晚秋，只有在被冰雪覆盖的盆地的冰川峰顶才能看到他的身影。小灰头岭雀春天的觅食地点在山峰间大片大片的白雪上，仲夏和

几种鸦

秋天则是在冰川上。许多大胆的昆虫刚刚出生就开始上山，风和日丽的时候，每天很多昆虫顺着海面吹来和煦的微风来到山顶，但这些探险者中能找到下山的路或者有重见花床的就寥寥无几了。这些昆虫又累又冷，可能是受到刺眼的光的吸引落到雪地和冰川上，被冻死了。他们躺倒的地方就像是为他们专门铺的一块白布。头上有着暗褐色羽毛的灰头岭雀觉得这就是一个送上门的丰盛宴席——冰面上的蜜蜂和蝴蝶，还有很多美味的甲虫。这是一场永久的盛宴，对于体型这么娇小的宾客来说桌子也太大了，宽敞的宴会大厅通风良好，微风习习，吹皱了巧克力色般的灰头岭雀羽毛。所有的同伴都很开心，没有敌人来争食。其他鸟儿都不会选择在那样的海拔高度上栖息，甚至连鹰都不会。他们很少能够见到人类，所以，见到探险者后就会拍打着翅膀围绕着探险者带着最强烈的好奇地飞来飞去，还俯冲下来一点，有时会飞到1英里那么低，就为了跟人打个照面，再把人引到他那冷冰冰的家里。

我勘查默塞德的时候，爬上了默塞德山和红山峡谷（Red mountain）之间的宏伟的圆顶峰，来到了古代冰川版的罗马式圆形剧场。正当我接近这座有点倾向默塞德山阴面的小小的流动冰川时，一群小灰头岭雀，大约有二三十只，直奔我飞了下来，好像要飞到我的脸上似的。这是我第一次见到这种灰头岭雀。他们飞得很低，并没有攻击我，也没有从我身边飞过去，而是围着我的头转圈，唧唧喳喳地飞了一两分钟，接着，调转方向陪着我一起上圆顶峰。他们落在我左右两边距离我最近的石头上，接着又在我前面几码处，配合我的步伐，与我一同前行。

冬天的时候，我没有看到过灰头岭雀的住所。他们可能在东边的荒漠地区，虽然约塞米蒂是许多山鸟过冬的地方，我却从来没有在那里见过一只麻雀。

蜂鸟（humming-bird）是登山者中最为引人注目的佼佼者，他们的红色喉咙闪现在数不胜数的野生花园里，这些地方比高处的斜坡还要高很多，他们出现在这种地方，最是出人意料。人们要享受这些热爱大山的小家伙的陪伴，只要挥舞一下自己漂亮的毯子或者手绢就可以心想事成啦。

山蓝鸲（the arctic bluebird）也是快乐的登山者。他们唱着狂野的、令人愉快的歌曲，"身背蓝天"，飞翔在这灰色的山脉和亚高山地区的穹顶之上。

一群俊美健康、神采奕奕、性情温和的啄木鸟住在公园里，使得公园一年四季都生机勃勃。他们当中最有名的是漂亮的北美黑啄木鸟（log cock），他们是塞拉啄木鸟中的王子。据我所知，他们是世界啄木鸟中第二大的。刘氏（Lewis）啄木鸟的体型大，通体黑色，闪闪发亮，拍打翅膀和飞行的时候有点像乌鸦，只是刘氏啄木鸟很少啄击树木，而是以野生樱桃核浆果为食。这些森林里的木匠冬天会在树皮里储藏大量的橡果以备冬天享用。还有一种啄木鸟与众不同，非常漂亮，在西方的的树林里，他们展现出了东方式的红色的鸟头。他们聪明伶俐，生性乐观，勤勤恳恳，一点也不害羞。他们生活在海拔3000到5500英尺高的广阔塞拉国家森林公园里，展现出了一幅令人欢悦的动画场面，特别是在秋天橡果成熟的时候。松鼠搬运自己的丰收果实——松果，不如这些啄木鸟搬弄自己的丰收果实——橡果勤劳。啄木鸟在蓝叶松树和北美翠柏那软软厚厚的树皮上钻孔，把收获的果实藏进去以备过冬食用——一个树洞塞一个橡果，像果头朝外放进去，洞的大小刚好是一个橡果的大小，不在洞口周围啄的话，橡果都不会掉出来。就这样，每个橡果都精心妥善储藏在干燥的树洞里，完全不受恶劣天气的影响——一个粮仓放一粒粮食，这是最费工夫的一种的储藏方法。尽管如此，啄木鸟对贮藏工作似乎从来不曾疲倦过，反

最大的啄木鸟是象牙嘴啄木鸟。

而是越干越起劲，好像下定决心要把果园里的所有橡果都储藏起来似的。从来没有人看见过啄木鸟在储藏过程中吃橡果，人们普遍认为他们储藏的时候绝对不会吃，也不想去吃，然而，这些聪明的鸟儿会去储藏橡果，以免被松鼠或松鸡夺走，只因为他们认为橡果里可能有虫子。这些虫子在橡果掉落的时候还太小，他们像瘦瘦的小牛犊一样。在冬天，当虫子稀缺的时候，这些树洞里储藏的肥大虫子就显得异常珍贵。因此，这些啄木鸟就被视为某种意义上的养牛者，一养就是一大群，上千头，可以匹敌那些在谷物和植物上畜养蚜虫的蚂蚁。不用说，这个故事是假的，尽管有些自然学家固执地相信这是真的。爱默生（Emerson）在公园里的时候，听到了这个虫子的故事，看到松树上填满了橡果，于是问我（我想他那是为了给我打气），"为什么啄木鸟要费这么大功夫用橡果把树皮塞满啊？"我回答说，"这和蜜蜂储蜜，松鼠储藏坚果是一个道理吧。""但是，缪尔先生，有人告诉我啄木鸟是不吃橡果的。""吃啊，他们吃橡果啊。"我回答。"我见过他们吃橡果。在暴风雪里，他们好像还吃一点其他东西。我经常在他们吃东西的时候擅入，所以看得一清二楚，他们吃橡果是吃一半留一半。他们连着橡果皮吃，就像有人连壳吃鸡蛋一样。""那他们怎么处理那些虫子呢？""我想他们吃到有虫子的橡果时，就会连橡果带虫子一块吃，"我回答道，"不管怎样，他们找不到更喜欢食物的时候，他们就会吃存储的橡果。"啄木鸟从储藏橡果那一天开始，到吃掉橡果的那一天，会时时刻刻守护着橡果，看到松鼠或松鸡偷窃的时候还会心生悲戚。印第安人缺少食物的时候，经常会求助于这些储藏，他们会用短柄小斧凿出橡果，从一棵雪松或者一棵松树上就能获得一蒲式耳或者更多橡果。

　　常见的知更鸟带着他那熟悉的歌声和动作，出现在公园的每一个角落——在山茱萸（dogwood）和枫树下面有阴凉的小谷地里，在鲜

1蒲式耳≈36升

北美地区的知更鸟多为旅鸫而非欧亚大陆上的知更鸟。

花盛开的小溪两岸，优雅地游走在冷杉和松树林边的牧场边缘，甚至远到冰川湖畔和顶峰的斜坡。这是多么让人羡慕的体格和性情啊！这种鸟儿是多么快乐和优雅呀！他们的活动范围这么广阔，却能保持良好的健康状况！整个美国都是他们的家，从平原到高山，从上到下，从北到南，飞来飞去，所有的季节都有他们可以吃的食物。当你漫步在庄严的塞拉高地森林，四周鸦雀无声，不由得心生敬畏，这时，你会听到同游的知更鸟那甜美清脆的声音，好像是在安慰你，"不要害怕，不要害怕，这里只有爱。"就算是在最偏远的荒郊野外，他们都像在花园或苹果园里一样开心快乐。

当白雪刚刚消融的时候，知更鸟就会飞进公园，然后慢慢开始向山上进发，伴随着鲜花盛开的节奏，逐渐升高，最后在六七月的时候到达最高的冰川草地。短暂的夏季一过，知更鸟就会像其他夏天的来访者一样配合着天气的变化下山，尽量赶在第一场大雪来临之前，却又会在冰川下面的草地上徘徊不去，因为那里有挂着霜的野樱桃。因此，知更鸟来到森林地区海拔更低的山坡，在全天都是暴风雪的时候，只能匆匆忙忙去搜集一些种子，顺便啄一些反应迟钝的虫子；最后，在那个冬天在约塞米蒂山谷存储少量的食物，在11月的时候来到葡萄园和果园还有半山腰的低地，捡一些掉落的果实和谷物。知更鸟还能唤醒一些白发苍苍的拓荒者的回忆，他们一定会承认这些亲切的鸟儿所带来的影响的。之后，知更鸟就成群结队地飞往旧金山城镇里的花园、公园、田野、果园和海湾，每群会有百余只。在那里，很多漫游的鸟儿被当作射击游戏目标击落，也有为了吃这些鸟儿胸脯上的一小块肉，这时候的人类就像捕食的野兽。周六是海湾地区的大规模屠杀日。整个城市，上从锦标主义者，下至穷人家的孩子，都赶来猎杀，他们的表情有点像运动员列队时的庄严的感觉，自我感觉很威严：他们腿上绑着裹腿，手里牵着狗，带着知名制造商制造的后膛上腔的枪。在美好的风景里，屠杀以无耻的热情进行着。那些历经千难万险却死里逃生、安然无恙的鸟儿，此时却成千上万地坠落下来，一个又一个大口袋就这样装满了，放到了一起。还有大量受伤的鸟儿在慢慢地死去，没有红十字会来帮助他们。第二天，礼拜日，那些"虔诚的"鸟类屠杀者清洗了身上的血迹，解下了绑腿，拿着金头手杖而不是枪去教堂做礼拜。唱过赞美诗，祈祷，布道以后，他们回家享用丰盛的餐席，把为上帝唱歌的鸟儿拿来当作正餐食用，把他们放到了餐桌上而不是心里，吞噬他们，吮吸他们可怜的小腿。确实，一个物种以另一个物种为食，但是，当地里长满小麦和苹果，商店里囤满牛肉的时候，基督徒唱着《神的爱》不至于陷入如这样的困境啊，竟然把歌唱的鸟儿拿来食用！与这一残酷事实相比，煮鹤焚琴还是比较虔诚和经济的。

秋日，大群大群的云雀在秋天从高山峻岭上飞来，他们跟知更鸟一样，也被残忍地屠杀了。幸运的是，我们大多数会歌唱的鸟儿隐藏在茂密的树叶深处，相对来说，这些地方对于人类来说可望而不可及。

美洲河乌的家在泡沫翻涌的河滩，那里卵石遍布，却很难见到枪。在所有会唱歌的鸟类中，我最喜欢美洲河乌。美洲河乌是一种外表相当朴素的小鸟，大小和知更鸟差不多，他们的翅膀短短的，卷曲的，然而却相当宽阔，尾巴的长度中等，斜斜地上翘着，上下快速摆动，再加上他们点头的样子，给人的感觉很像鹪鹩（wren）。人们常常会在瀑布的飞沫，以及河流的主要支流水流湍急的地方看见他们拍打着翅膀，这些是他们最喜欢出没的地方。人们还会常常看到他们出现在相对平静的河道上，有时还出现在山间湖泊的湖畔，特别是在初冬之际，当大雪携裹污泥浑浊了溪流的时候。虽然他们的身体构造与水鸟不同，但他们却生活在水里，从来没有人看见他们远离过岸边。

他们可以毫不畏惧地潜入漩涡和急流，在河底觅食，在水中自由潜行，就像在空中一样。有时，他会来到水浅的地方，时不时地点头，把头伸到水里，那活泼的样子显然是为了吸引别人的注意力。他飞起来以后，不停地拍打翅膀，发出呼呼声的声音，像鹧鸪一样。他从一个地方飞到另一个地方，最喜欢沿着九曲回肠的溪流快速飞行，通常会落在岸边，水中的岩石或者突出物上，很少像生活在树上的鸟儿一样，为了图方便，就落在干枯的树枝上。他行为古怪，生性整洁，是你所能想象到的行为最古怪、最灵巧的鸟儿。当他在波涛汹涌、滚滚向前的水面上漂浮的时候，他所有的动作都证明，他是极度欢乐和自信的。不论冬天和夏天，他都会歌唱，不论什么天气——按照他活泼的动作和旺盛的精力推测出的声音大相径庭，他的歌声其实是甜美的、曲调柔软清澈，相当低沉，并没有那么多的多愁善感，也没有那么多的重音。

这个勇敢小歌手的生活是多么浪漫和美丽呀！他生活在人迹罕至的山间溪流里，把他那浮雕似的圆形苔藓巢穴建在激流或者瀑布旁边，这里水的喷雾可以让巢穴保持新鲜和绿色！他周围的空气都是音乐，难怪他唱得那么好。他的每一次呼吸都是一首歌的一部分，他的第一堂音乐课甚至在他还没有出生的时候就已经开始了，流动的瀑布震动着鸟蛋。小鸟和溪流是不能分开的，美妙的旋律和野性，温柔和强壮——即使鸟儿掉入了溪流疯狂的漩涡中间，身陷险境，他也不会死的。我可以继续写啊写，写下一个又一个词，但是我的目的是什么呢？去看他，去爱他，通过他，通过窗户，我们去看造物主那温暖的心房。

知更鸟

二

死亡与离别

他们和我们如此相似

太空俯看阿拉斯加与白令海峡

冰川上的斯蒂金

　　1880年的夏天，我乘坐独木舟，从兰格尔堡（Fort Wrangel）出发，继续我从1879年开始的对阿拉斯加东南部冰原地区的考察。我们做好准备工作，收好毯子等必备物品后，我的印第安人队员们也都各就各位，做好了出发准备，他们的亲人朋友也都到码头上跟他们告别和祝他们好运。我们一直在等的同事——杨（Rev. S. H. Young），也终于上了船。他身后跟着一条黑色的小狗，这只小狗很快便把这里当成他自己的家，蜷缩在行李包中的缝隙里。我喜欢狗，但是这条小狗太小，也没有什么用处，所以我反对带这只小狗同行，并质问这位传教士杨，为什么要带他同行。

　　"这么个没用的小家伙只会碍事儿，"我说，"你最好把他留给码头上的印第安小男孩，让他们带回家和孩子们一起玩耍。这趟行程不大可能适合玩具狗。这个可怜而笨拙的东西会在雨雪中生活几周甚至几个月，对他需要婴儿般的照顾。"

　　但是，他的主人向我保证他绝对不会带来麻烦。他是狗一族的完美奇迹，他能像熊一样忍耐寒冷和饥饿，像海豹一样游泳，并且千伶百俐，令人惊奇。他的主人为他罗列出了一系列的优点，来证明他会是我们中最有趣的一员。

　　没有人希望去了解这条狗的祖先。在狗一族成功杂交的各种各样的狗中间，我从来没有见过像这样的狗，尽管有时候他那狡猾、温柔、滑行的动作和姿势让我想起狐狸。他的腿很短，身体像花栗鼠一样。他的毛很顺，很长，像丝绸，有一点波浪状，当风吹过他的后背时，背上的毛就会变得蓬松起来。第一眼看见他的时候，能让人注意到的就是他那条漂亮的尾巴。他的尾巴就像松鼠的一样轻盈，能遮挡阳光，往前卷曲的时候差不多可以卷到鼻子前。近距离观察他，你会注意到他那薄而灵敏的耳朵，锐利的眼睛上带着一些可爱的褐色斑点。杨先生告诉我，小家伙刚出生的时候，只有林鼠（woodrat）那么大，在锡特卡（Sitka）被一个爱尔兰采矿者当作礼物送给了杨的妻子。当他来到兰格尔堡的时候，被当地的部落斯蒂金印第安人热情地命名为"斯蒂金"（Stickeen），被奉为新的好运图腾，受到大家的喜爱。无论他走到哪里，他都被当作宠物对待，受到保护和喜爱，被视为是智慧的神秘源泉。

在我们行进途中，他很快便表现出他古怪的性格——爱躲藏，不受人控制，无敌安静，还会做许多让人不解的小事，这些都唤起了我对他的好奇心。我们在无数个小岛和海岸山峰之间那长长的、地形复杂的海峡上航行了一周又一周，他在这样枯燥的日子里大多懒懒散散的，一动不动，就像是在熟睡一样不引人注意。但我发现，不知怎么回事，对于正在发生的一切，他总是一清二楚。当印第安人船员准备射击野鸭和海豹的时候，或者是海岸有什么吸引了我们的注意力的时候，他总是下巴搭在船帮上静静地看着，就像是一个游客一般，眼神里充满了梦幻。他听到我们谈论准备登陆时，就会马上爬起来，看我们在什么样的地方登陆，随时准备从船上跳下去游到岸上，在我们的船刚刚接近海岸的时候，他已经游到岸边。然后，他一边精神抖擞地抖掉头上带盐的海水，一边跑到树林里抓小猎物。尽管每次都是第一个跳下船，但是他总是最后一个上船。当我们准备出发的时候总是找不到他，他对我们的呼唤置若罔闻。不过，我们不久以后就发现，每次在这时候看不到他，他却躲在树林边缘的石南（brier）和越橘丛中，用那双警惕的眼睛看着船。当我们真的要离开的时候，他就会在岸边一路小跑，然后跳进浪花，跟在我们的后面游泳，他知道我们会停下手中的桨，带上他的。当这个游手好闲、任性的小家伙游到船边的时候，他会被我们揪着脖子拉上来，举到一只胳膊的高度去筌一会儿水，然后放到甲板上。我们曾经尝试让他不要再搞这种恶作剧，强迫他在水里多游一会儿，就像是我们要遗弃他一样，可是这对他来说无效：让他游得越远，他似乎就越高兴。

尽管他懒散得惊人，却从来没有落下任何一次冒险和远足的机会。在一个伸手不见五指的雨夜，大约是在10点左右，我们在鲑鱼河（Salmon Stream）港口登陆，这时的河面泛着鳞光。鲑鱼在游弋，大量的鱼鳍汹涌澎湃，搅动着河流，所有的河流都泛起了银色的光芒，在黑檀般的夜里是多么奇妙，多么美丽，让人印象深刻。为了能更好地看到这样的美景，我带着一个印第安船员出海航行，把船开到急流的底部——美景的中央，距离我们的营地大约有半英里远。在这里，岩石间奔腾的急流使得这些光芒更加夺目。我不经意间回头向河流下游看去，看到印第安船员在抓几条鱼，鱼在挣扎。我看到一道长长的扇形的波光，如同彗星的尾巴，朝我们游来，我们猜想可能是某些奇怪的大生物在追赶，实际上是斯蒂金。一路上，他游出了一道漂亮的线，一路跟随，直到我们以为已经看见怪物的头和眼睛。可这不是什么怪物，不过是斯蒂金罢了，他发现我离开了营地，便跟着我游了过来，看看究竟发生了什么事。

每当我们扎营扎得比较早的时候，船员中的好猎手通常会到树林里去猎鹿，如果我没去的话，斯蒂金肯定会跟在这猎人后面。说来也怪，尽管我从不带枪，他却总是跟着我，跟着我东游西逛，从不跟着猎人甚至是他的主人。有些日子风雨太大无法航行，我就会根据我的研究需要，把时间花在树林里或者附近的山上。而斯蒂金一直坚持跟着我，不论天气多么糟糕，他都会像狐狸一样在滴水的越橘丛中，带刺的人参（panax）或沉静的、枝叶含露的悬钩子（rubus）丛里穿行，在雪地里蹿来蹿去，滚来滚去，在冰水里游泳，在原木、岩石以及冰川的冰河裂缝间窜来窜去。他就像一个有耐心、有毅力的登山者一样，从来不知疲倦，也不会失去信心。有一次，我和他在冰川上穿行，冰面突起，崎岖不平，把他的脚划破了，所以每走一步都会留下血印，但他像印第安人一样，坚强地一路小跑地跟着我，直到我发现了他那带血的脚印。见状，我顿生怜悯，用手绢给他做了一双软帮鞋。可是，不论他遇到多么大的麻烦，他从来不会向人求助，也不会有一声抱怨。正如一位哲学家那样，他非常清楚，不认真工作，没有吃过苦，就不配拥有快乐。

可是，我们中没有一个人看得出斯蒂金到底适合做什么。当他面对危险和困难的时候，从来都不使用推理，只是坚持自己的做法，从来不服从命令，猎人从来都没有办法指使他去攻击什么目标，也无法指使他去取打到的猎物。他那恒定的淡定态度就像是由于缺乏感情造成的。一般情况下，暴风雨能让他愉快；而在只有雨的日子里，他的精神会像蔬菜一样旺盛。无论你有什么进展，他都很难为你付出的努力瞥上一眼或者摇摇尾巴。他很明显就像冰山一样冷漠，对娱乐无动于衷，尽管如此，我还是千方百计地去熟悉他，推测在他那勇敢、耐心和热爱野外探险的表象下隐藏的可贵品质。那些在办公室里长大的退休的加那利犬（mastiff）或者斗牛犬（bull dog），没有一只能够比得上这只毛发蓬松、清心寡欲的小侏儒的高贵和庄严。他让我不时地想起沙漠中那些矮小的、不可动摇的仙人掌（cactus）。他从来不向我们展现出㹴犬（terrier）或牧羊犬（collie）般的活泼，没有喜欢被爱抚的倾向。大部分小狗都像小孩一样，喜欢被人爱，也接受别人的爱，而斯蒂金简直就像第欧根尼（Diogene）一样，只要求独处：像一个真正的野孩子那样，用天性的沉默和平静来保证隐居生活的平静基调。他坚强的性格隐藏在他的眼神里。他的眼睛看上去既像山一样古老，又是那么年轻，那么富有野性。我直视他那双眼睛，百看不厌：就像是看到了一处美丽的景象，但是很小很深邃，没有眼周打眼的皱纹，透露不出什么内情。我习惯了正面观察动植物，我对这个神秘莫测的小家伙的观察越来越敏锐，就好像是在做一个有趣研究一样。但是，我们的这个小家伙却蕴藏着难以估量的聪明才智，只有在丰富多彩的实践中才能表现出来，因为只有经历磨难，狗和圣人才能得到历练，变得完美。

　　我们对三达姆峡湾（Sundum fiord）和塔口峡湾（Tahkoo fiord）及其冰川勘察完毕以后，从史蒂芬海道（Stephen's Passage）航行进入琳恩运河（Lynn Canal），然后又穿过艾西海峡（Icy Strait）进入十字湾松得海峡（Cross Sound Strait），去寻找那些未开发的海湾，顺着海湾一路来到费尔韦瑟山脉冰原地区（Fairweather Range）的大源头。当潮汐适合出航的时候，我们就会在一队来自冰川湾（Glacier Bay）的冰山的陪伴下驶入海洋。我们围着温布尔顿（Wimbleton）温哥华岬（Vancouver's Point）缓慢滑行着，脆弱的小船就像一片羽毛，在波涛汹涌的海浪上摇摇晃晃地经过了斯宾塞角（Cape Spenser）。有几英里，海浪撞击悬崖峭壁，声音在悬崖峭壁上回荡着，海浪的尽头直插云端，情况看起来十分危急。这里的悬崖峭壁像约塞米特的悬崖峭壁一样高不可攀，如果我们找不到登陆地点，我们的船就会被撞碎或者翻船，直接沉入深深的大海。我们心急如焚地扫视着北面的悬崖峭壁，希望看到第一个开阔的峡湾或者港口的标记，大家都心急火燎的，只有斯蒂金例外，他安详地打着盹，听到我们谈论悬崖峭壁的时候，睡眼朦胧地看着这些数不尽的绝壁。最后，我们终于高兴地发现了一处水湾入口，现在那里叫做"泰勒湾"（Taylor Bay）。我们大约5点抵达该湾流的前端，在一个大冰山前部附近的小云杉林里扎营。

我们安营扎寨，猎人乔（Joe）爬上海湾东面的山墙寻找野山羊，我和杨则来到冰山上。我们发现这座冰山和水湾是分离的，被海潮冲上来的冰碛（moraine）隔开，山上断断续续地出现很多障碍物，冰山的每一面都与水湾交汇，延伸大约3英里左右。但是，最有意思的发现是，虽然这座冰山最近又稍微后退了一点，却还是向前移动过。边缘上的一部分冰碛向前堆砌着，把树木连根拔起，东面的树木已经被完全覆盖了。大量树木都被撞倒掩埋，或者说差不多是这样；其余的树木也都偏离了冰山，东倒西歪的，就要倒下了。有些树仍然直立着，但是根部下面已经有了冰雪，而高耸的冰晶尖顶高出树冠。这些世纪老树挺立在冰壁附近，很多树枝都快要触到冰壁了，这样的奇观真是新奇少见，夺人眼球。我在前面向上爬着，距离西面的冰川只有很短的距离，我发现这些冰川一面前进，一面在增厚加宽，并且慢慢吞噬着海岸外围的树木。

在第一次考察结束后，我们回到营地，计划次日再进行一次更远范围更广的远足。第二天，我早早就醒了，把我叫醒的不仅仅是整夜占据我脑海的冰山，还有那骤雨风暴。大风从北面刮来，大雨伴着云，激情澎湃地从地平线上像洪水般地飞来，好像只是路过这片乡野，而不是要降落在这里。连绵不断的溪流轰隆隆地拍打着岸边，后浪推着前浪，像大海一样怒吼着，水湾上那灰色的绝壁好像快要被白色的大小瀑布淹没了似的。我出发之前，本打算冲杯咖啡，吃点早饭的，但是听到暴风雨的声音，又向外看了看以后，就迫不及待地要去感受暴风雨，因为大自然最精彩的课程只有在暴风雨中才能觅得，只要谨慎小心地处理好与暴风雨的关系，我们就可以借助她的力量平安地走出这片荒野，欣赏她那宏伟壮丽的杰作及其形成的过程，与老

阿拉斯加
山脉的巨
大冰川

阿拉斯加
南部的渔
村，1937年

阿拉斯加
淘金潮，
1898年

阿拉斯加
的原住民
之一因纽
特人

阿拉斯加
最高峰,
也是北美
最高峰麦
金利山

诺斯曼人指中
世纪生活在北
欧的族群。

诺斯曼人（Norsemen）一起咏唱，"暴风雨的力量帮助我们划船，飓风也为我们服务，带我们去我们想去的如何地方。"为此，我省掉早餐，把一块面包放进口袋里便急匆匆地出发了。

杨和其他印第安船员都在睡觉，正如我所希望的，斯蒂金也在睡觉。可是，当我走出离他的帐篷没有几竿远的时候，他就从床上跳起来跟着我走进了风雨，真烦人。人类喜欢暴风雨，喜欢他那令人兴奋的音乐和动作，去看大自然创造的奇迹，这个理由很充分了；可是这种恶劣的天气对狗来说有什么吸引力呢？肯定不会像人类那样激情澎湃地去看风景和考察地质。但不知道是什么原因，他还是来了，还没吃早饭，就穿行在这令人窒息的风暴中。我停下来，尽我所能地劝他回去。"喂，回去，"我喊道，尽可能让他在暴风雨中听到我的声音，"喂，回去，斯蒂金，你个傻瓜现在在想什么呢？你一定是疯了。这天气对你没什么好处。那里没有可以玩的地方，除了坏天气就是坏天气。回营地去，那里暖和，和你的主人一起吃美味的早餐，你就明智这么一次吧。我不可能整天带着你，也不可能喂你，这暴风雨会要你的命啊！"

可是，归根结蒂，这个问题上的真相就是：大自然对待人和狗似乎是一样的，让我们做她喜欢的事情，粗暴地推着我们，拉着我们沿着她的路前行，尽管这条路很难走，有时，在我们把她的教训当成耳旁风的时候，还可能马上杀了我们。我一次又一次地停下来，好心好意地冲着斯蒂金喊，给他建议，却发现根本甩不掉他，就像是地球无法甩掉月球一样。我曾经让他的主人身处险境，他掉到山上最高的一个裂口处，胳膊脱臼了。这次又轮到这个谦卑的小家伙啦。可怜的小家伙站在风里，浑身被雨水打透，闪着亮光，好像是在固执地说，"你去哪儿我就去哪儿。我只好告诉他，非要来就跟着吧，然后从口袋里掏出一片面包给他吃。之后我们便一起奋斗，开始了我最难忘的一次野外之旅。

高水位的洪水使劲儿地拍打着我们的脸，冲刷着我们。我们在东边靠近冰山前部的小树林里找了一个地方避风，停下来喘口气，听着，观察着。我的主要目的是探查冰川，但是风太大了，我走不到开阔地带。暴风雨是个很好的研究课题，可是，那里的风太大，无法经过开阔地抵达那里，在保持平衡跨跃冰川缝隙的时候，会遇到危险，人可能会被冲走。沿着我们所在的冰川边缘向下，有一块500英尺高的坚固岩石突然拱起，正在慢慢向前倾斜，掉进冰瀑里。由于暴风雨自北而来到达冰山上，我和斯蒂金正好在目前的风向的下面，这个位置刚好方便我们观看和倾听。暴风雨吟唱的赞美诗是多么美好，雨水冲刷过的大地和叶子闻起来是多么清新，暴风雨的低吟浅唱是多么悦耳！一股股气味和漩涡穿过树林，伴随着树枝、树叶和伤痕累累的树干分离的声音，还有头顶上岩石和崖壁碎裂的声音，那么多种轻柔低沉的音调，就像是长笛一般，每一片叶子，每一棵树，每一座峭壁和山顶都是和谐的音符。宽阔的急流从冰川的一侧流下，由于在山顶上汇入了新的溪流，此时的水流变大变宽了，挟裹着卵石沿着石头河道奔流而下，一路上发出或轻或重，或清脆或低沉的声音，带着巨大的能量奔向海湾，就像是赶着下山似的。山上和山下的水遥相呼应，最后流向他们的家园——大海。

从我们避风的地方朝南看去，急流和树木丛生的山壁在我们的左面，挂着冰壁的山崖在我们右面，我们前面是一片温和的灰暗。我试图在笔记本上把这绝妙的景色画出来，但是尽管我尽力遮挡笔记本，雨水还是模糊了笔记本子上的画，最终这张素描几乎没有什么价值了。当风力减弱的时候，我开始靠近东面的冰川。树林边缘的树木的树皮全都掉了，树身伤痕累累，他们用最明显的方式向我们展示了冰川带来的痕记。其中数以万计的树木，在冰川岸边已经挺立了几百年，有些已经被轧得粉碎，有些正在被轧得粉碎。我向下俯瞰，在许多地方，在50英尺左右，或者那些冰川壶穴边缘的下面，一些直径一两英尺的树倒在地上，冰川将凸起的岩石肋拱和岸边的突出部分化为浆糊。

在冰川前部上方的3英里处，我爬了上去，用斧子给斯蒂金凿出一条路以便他通过。目力所及之处，在水平线，或者说接近水平线的地方，冰川在灰色的天空下不断地延伸，如同无边无际的冰雪草原。雨下个不停，天越来越冷，我毫不在意，但低垂的云现越来越昏暗，这是雪天的预兆，让我拿不定主意要不要走得更远。到西海岸去，没有看得见的路可走，一旦云飘过来，雪卜起来，或者风刮得更猛烈，我们恐怕就会迷失在那些裂缝中。雪花，那是高山上的云彩之花，是娇嫩美丽的东西，但是当他们成群地在昏暗的暴风雪中飞舞，或者与到处是死亡裂缝的冰川合在一起的时候，会十分可怕。我一边观察着天气，一边在水晶海上漫步。走了一两英里，我发现这些冰面还是很安全的。那些边缘缝隙也十分窄，而那些相对宽一些的也可以绕过，很容易避开，而云层也已经开始向四面八方散开了。

见状，我受到了鼓舞，最终决定去对岸。因为大自然可以让我们去她想让我们去的任何地方。起初，我们行进得很快，天空也不是那样让人害怕，我时不时地辨别一下方位，用便携指南针进一步确定我们回去的路，以免暴风雪模糊视线。但冰川的结构线是我最主要的向导。我们一直朝西走，来到了一片裂缝不宽的地区，我们不得不走一些长长的羊肠小道，沿着裂缝的边缘横向和纵向地走，这些美丽而可怕裂缝约20英尺到30英尺宽不等，可能有1000英尺深。在通过这些裂缝的时候，我十分小心，但斯蒂金却像漂浮的云一样身手矫健地跳来跳去。面对那些我能跳过去的最宽的裂缝，他停也不停，看都不看一眼就跳了过去。天气瞬息万变，冬日的昏暗中透出点点炫目的光。间或阳光会彻底冲破昏暗，可以一个海岸与另一个海岸之间的冰川，被一排排明亮的山峰团团围绕，若隐若现，云彩就像是他的衣裳，无数被洗刷过的冰晶闪烁出彩虹般的光芒，冰原闪闪烁烁，转瞬间大放光明。而后，这些美景又瞬间被笼罩在昏暗之中。

斯蒂金似乎不关心这些，无论光明还是黑暗，那些裂缝、冰井、冰川锅穴（moulin），还是他可能掉进去的发光的急流。对于他这样一条两岁大的探险小狗来说，没有什么是新鲜的，没有什么能吓得倒他。只是勇敢地一路小跑，好像冰川就是他的游乐场。他那强壮结实的身体好像是一块跳跃的肌肉，最让人惊喜的是，你看着他身手敏捷地飞跃那些6到8英尺宽的裂缝，让人神经紧张。他信心十足，好像是由于观察能力迟钝，也好像是出于初生牛犊不怕虎的勇敢。我一直提醒他要小心，因为我们多次野外旅行都一路同行，亲密无间，所以我养成了一个习惯，就是像是对男孩儿一样对他说话，我认为我说的话，他每一字每一句都能听得懂。

3个小时以后，我们到达了西岸，这里的冰川宽达7英里。然后我们一路北上，要赶在云层升起之前，尽可能远地看到费尔韦瑟山（Fairweather Mountain）的尽头。森林边缘的路很好走，当然，这边也和另一边一样，树木被大量拱起的冰川擦得伤痕累累，甚至撞得粉碎。大约1个小时以后，我们经过了许多山岬，突然来到了冰川的一个支流的面前，在这里，一个2英里宽的宏伟冰川瀑布出现了，这个冰川瀑布正从西面的主要水湾边缘倾泻而下，表面被劈成浪花状的冰片和碎裂的障碍物，表明大河瀑布曾经重重地、狂野地从天而降，一头扎了下来。我沿着水流向下走了三四英里，发现这个瀑布的水流进一个湖泊，给湖泊灌满了冰山。

我愉快地沿着湖泊的出口处到了海洋的潮汐所在，可是天色已晚，由于天气恶劣，我们不得不赶紧返回，在天黑前避开那些冰山。

因此，我决定不再前行，再次通览了一遍这里的美景就踏上了归程，希望在天气好一点的时候还能再次看到。我们加快了速度，穿越大冰川溪流的峡谷，然后走出峡谷来到主要冰川上，直到离开了我们后面的西岸。我们来到了一个的裂缝纵横难行的地方，而此时，云聚集起来了，起初下的是小雪，紧接着就是可怕的飞雪，雪下得又密又急。我急于在这让人视线模糊的风雪中找到一条出路。斯蒂金却没有表现出一丝一毫的恐惧，他还是那个少言寡语，干练的小英雄。不过，我注意到，在暴风雪的黑暗出现以后，他开始紧紧地跟在我后面。大雪让我们的速度加快，却也隐藏了我们返回的路。我以最快的速度，跳过了不计其数的裂缝，在那些混乱的裂缝和位移的冰障之间加速前行，直线行走了1英里，实际旅程却在翻倍。经过了一两小时的前行，我们来到了一片宽度让人生畏的纵向裂缝群。这些裂缝都几乎是直线的，走向整齐，像是巨大的地垄沟（furrow）。在这样的路上，我小心翼翼地向前走，这样的危险让我既紧张又兴奋，劲头十足，我每跳一大步，都要在让人头晕目眩的裂缝边缘小心翼翼保持平衡，跳之前用脚刨出一个坑，以免滑倒，或者为了应对对岸任何不确定的因素，对岸有些地方只能跳一次——这既让人害怕，又令人鼓舞。斯蒂金跟着我，好像很轻松。

我们走了好几英里，主要向上和向下走，但是向前进的时候却很少。我们大部分时间都是在穿行，跳跃，而不是走路，为了避免遭遇危险，我们加快了速度，否则就要在恐怖的冰川上过夜了。斯蒂金似乎无所不能。毫无疑问，我们可以在风雪中度过一夜，在平坦的地方跳舞，以免冻死，对于这些天气变化，我丝毫没有类似绝望的感觉。但是我们现在饥寒交迫，从山上刮来的风依然很大，还夹杂着雪，我们感到刺骨的冰寒。因此，这一夜注定是十分漫长的一夜。在这种让人视线模糊的风雪里，我无法确定哪个方向风险最小。我间或从山间看到飘忽的昏暗云彩，一点也不令人鼓舞，既没有天气好转的迹象，也无法指明方向。我们只能继续在裂缝中摸索前进，依据冰川的构造确定一个大致的方向，可是这些冰川也不是随时随地都能看到的，有时候还要看风向。我一次又一次地鼓励着自己，斯蒂金却轻松自在地跟着我，随着危险的增多，他的胆量明显越来越大，意志越来越坚定，登山者遇到艰难险阻的时候也常常会这样。我们艰难地跑着，跳着，抓紧白天剩下的每一分钟，这时间虽然短暂，却弥足珍贵。我们顽强地向前进，希望我们所跨越的每道难以跨越的裂缝都是最后一个。但是事情正相反，我们越前进，发现裂缝就越来越难过，真要命。

最后，我们的路被一条又宽又直的裂缝挡住了。我迅速向北走了1英里左右，却没有发现一个容易通过的路口，一眼望去，也没有找到容易通过的路口的可能。然后，我往冰川下面走，发现下面连着另一个无法通过的裂缝。在这段大约2英里的路上，只有一个地方能跳过去，可这个宽度却是我勇气的极限。可是，到达对面那边太容易滑倒了，我不愿意冒险去尝试，况且，我所在的这边要比另一边高出1英尺。尽管具备这样的条件，这个裂缝的宽度也相当危险。在这种情况下，因为通常这样的裂缝都很宽，人很容易作出错误的判断，低估裂缝的宽度。因此，我盯着自己站的这边，迅速地估算着裂缝的宽度，同时也查看着对面边缘的形状；最后我明白了，如果需要的话，我还是可以跳过去的。但是，如果我掉下去的话，我必须跳回到低的这一边。一个小心谨慎的登山者是不大可能向未知的地方踏出一步的，因为这么做危险万状，而且在去路被看不见的障碍挡住的时候，可能又无法返回原路。一个登山者要长命百岁，这是一个守则。尽管我们着急赶路，但是，在破局之前，我还是强迫自己坐下来冷静一下，好好考虑一下。

　　我的脑海里又勾勒出刚刚走过的那条迂回曲折的路，就像那路线已经跃然纸上，我意识到自己现在正在跨越的冰川比早上跨越过的冰川要远一两英里。我现在所在的地方是我以前从来没有见过的。我是应该冒险一跳，还是返回到西岸树林，生一堆火，饿着肚子等待明天的到来？我已经走过了这么一片危险的宽阔冰原，我明白，现在要在天黑前顶风冒雪返回也不是容易的事，试着回到西岸森林的结果非常可能是在阴暗的夜晚舞蹈。如果我越过眼前的障碍，或许还能看到希望，也许东岸的距离与西岸一样近。因此，我决定继续前行，可是，这个裂缝确实是一个障碍，从这么宽的裂缝上跳过去确实令人毛骨悚然。

　　最后，由于那些危险已经在我身后，所以我决定去面对前方可能发生的危险。我跳了过去，成功着陆，但是可以回旋的空间却很小，我怕稍有差池就得跳回到原来的低处。斯蒂金跟着我，根本没把危险当回事。我们急忙向前跑，希望把所有的麻烦抛在脑后。可是，我们还没走出100码，就被一个最宽的，也是不曾见过的裂缝挡住了去路。我自然急急忙忙地去考察，希望能够用桥或者其他路线来补救。在上游3/4英里处，正如我担心的那样，我发现这个裂缝与我们刚刚越过的一个裂缝是连着的。然后，我向下游寻找，发现还是那条裂缝，只不过在更低处连接着，裂缝总共有40到50英尺宽。就这样，让我灰心丧气的是，我发现我们身处一个长2英里的狭长岛上，只有两条可能逃生的路：一条是沿原路返回，另一条前面的是几乎无法接近的裂桥（sliver-bridge），这座桥位于这座岛的中间，横跨一个巨大的裂缝！

　　有了这个让人心惊肉跳的发现以后，我跑到冰桥这边小心翼翼地勘察着。这个裂缝是由冰川不同部分的凸面运动拉伸变化形成的，只是在开裂初期形成了几个断层，窄到用随身带的小刀都插不进去，裂

阿拉斯加的奥古斯丁火山在喷发

阿拉斯加猎人峰上鸟瞰群山

缝随着进一步拉伸和冰川的深度加深变得越来越宽。现在，一些断层被阻断了，就像树林里的断层，在开阔的地带，重叠冰层的末端被拉伸开来，两端之间还继续保持连接的状态，就像劈开树木中间断层，两端似断非断的样子。一些裂缝保持开放几个月甚至几年，当开放地带停止拉伸的时候，边缘不断地融化，致使它们之间的宽度不断增加。它们之间的裂桥，开始的时候在很高的地方很平衡，绝对安全；最后，会慢慢融化，变得很薄，直立着，如同刀刃一般，最上面的部分受天气的影响最大。由于中间部分暴露最多，它们最终就会变为弧形的向下形状，如同吊桥的绳索一般。显而易见，这座裂桥年代久远，因为经过风吹雨打，已经废弃，是我所走过的路中最危险、最难接近的桥。这里裂缝大约有50英尺宽，这座斜桥斜跨长度大约为70英尺，中间附近比冰川水平面低了25—30英尺，弧形两端连接在8—10英尺下的峭壁上。主要困难是从这里几乎垂直的墙壁上到冰桥上，还有到那边去，而这些困难似乎都是无法克服的。在我这么多年的爬山和穿越冰川的冒险生涯中，这次的形势似乎是显而易见是最严峻、最残酷的。且不说这次的状况出现在我们浑身湿透，饥肠辘辘，急雪回风，天空昏暗，夜幕就要降临的时候。但我们不得不去面对，我们非做不可。

　　我们开始行动，但不是在裂桥下沉的那一端的上方，而是在略微向一边倾斜的地方，我在悬崖上凿了一个坑用来安放我的膝盖。接着，我俯下身来，用随身带的斧头在下面16—18英寸的地方凿出一个台阶，这是考虑到冰壁可能会变薄凿穿。不过，这个台阶凿得很成功，有一点向墙倾斜，正好可以别住我的脚后跟。之后，我慢慢地向下滑，尽量往低了蹲，让身体的左面贴着墙，用左手抠着墙上的槽口，在风中保持身体的稳定性，同时右手继续向下，又凿了一个类似的洞，避免因为斧子晃眼或者强风使身体失去平衡，因为每凿一次，每一次站稳脚跟，都生死攸关。

我到达桥的一头以后，又开始凿裂桥桥面，开出了一个大约6到8英寸的平面，在这么光滑的平面上，弓着身体，双腿岔开保持平衡，要安全通过这座桥困难重重。后来，穿行就相对容易了一些，只需小心翼翼地一下一下、一点一点切断锋利裂桥的边缘，每次蹒跚地前进一两英寸，膝盖贴着两侧保持平衡。我故意回避，不去看手两边巨大的深渊。对于我来说，这座蓝色裂桥的边缘当时就是整个世界。我开始一点点向前挪动，凿出新的小平台以后，这场探险中最困难的就是从能卡住的安全处叉着腿起身，在几乎垂直的峭壁上凿出阶梯——凿，爬，用脚和手指扒住凿开的缺口。在那种情况下，人的整个身体就是眼睛，常见的技能和毅力都被超乎我们想象的力量所替代。之前那么长时间，我从来没有感觉到这么害怕过。我是怎么爬上那个峭壁的，我自己都说不清楚，好像这件事情是别人做的。我从不轻视死亡，尽管在我探险的过程中，却经常感觉到，与其死于疾病或者下三滥的低地事故里，死于巍峨的高山或者冰川的中心更有福气。可是，我们心怀感激地确信我们几辈子的幸福已经足够，但是当最美的死亡，即将到来的死亡，冰清玉洁的死亡清楚明白地摆在我们面前的时候，我们也很难去面对。

但是可怜的斯蒂金，毛绒绒、诡诈的小家伙，小动物，想想他！当我决定冒险过桥的时候，当我在圆形的山脊上跪着凿坑的时候，他跟在我身后，把头探过我的肩头，向下看，向对面看，用他那神秘莫测的眼睛查看着裂桥和道路，之后用惊讶和关切的目光正视着我，开始咕哝，发出哀鸣，很明显好像在说，"你肯定不是要去那个可怕的地方吧。"是我第一次看见他若有所思地盯着裂缝看，也是第一次看见他用急切的、焦虑的眼神看着我，表情是那么生动。他只看了一眼，就清楚地意识到了危险，表现出惊人的洞察力。在此之前，这个胆大妄为的小家伙从来不知道有冰面很滑或者那里有危险这回事。当他开始抱怨和表达恐惧时的表情和声调那么像人，我下意识地安慰他，就像安慰一个吓坏了的小男孩，试着用一些能够缓解自己情绪的话去安慰他，去消解他的恐惧心理，"不要怕，我的孩子"，我说，"不容易归不容易，但我们就会安全通过的。在这个艰难时世，没有哪条正确的道路会好走，我们必须冒着生命的风险来保全生命。大不了我们滑下去，那样一来，我们会有一个多么宏伟的墓地啊，随着时间的推移，我们可爱的骨头对冰碛也会有好处的。"

　　但是我的说教却没有起到宽慰他的作用：他开始嚎叫，再次目光如炬地看了一眼巨大的海湾后，激动而绝望地跑了，去寻找其他路线。当他肯定是失望而归的时候，我已经向前挪了一两步。我不敢向后看，但是他的叫声我能听得到。当他看到我意已决，一定要从这里过去，他绝望地大声叫起来。这样的危险足以吓倒任何人，而他却能客观地估价和认识这一危险，这很奇妙。没有一个登山者能够迅速明智地判断出真正的危险与表面的危险之间的差别。

　　当我到达对岸后，他叫的声音更大了，还跑来跑去寻找其他逃生的路，却徒劳无功。他又回到桥上方裂缝的边缘，那哀嚎声是那么悲戚，就像正在经历痛苦的死亡过程。这个时候能安静点吗，哲学家斯蒂金？我大声鼓励他，告诉他那座桥并没有看上去那么可怕，我已经给他开辟了平坦安全的道路，他可以轻而易举地通过。可是，他不敢去尝试，他或许在想自己这么小的小动物怎么能够克服这么巨大的恐惧，他的恐惧是以洞察力为基础的。我一遍又一遍地用鼓励的语气试图说服他过来，不要害怕，只要尝试就能做得到。他平静了一会儿，又向下看了看桥，信念坚定地喊着，似乎在说他绝不，绝不，绝不走这条路。之后，他绝望地仰面朝天地躺了下来，好像在嚎叫，"哦，这是什么鬼地方！不，我绝对不下去！"那与生俱来的镇静和勇气都彻底地消失在惊天动地的恐惧暴风雨中。如果没有那么危险，那么，他的痛苦看上去就会很可笑。但是，死亡的阴影就躺在在这阴沉、冷酷无情的深渊里，他那让人心碎的叫声似乎都能唤来上天的帮助。或许他确实唤来了上天的帮助。以往，他的感情都隐藏了起来，现在他表露无遗，你可以看到他的心理活动和思想动态，就像一块表打开了表壳。他的声音和动作，希望和恐惧，都跟人类一模一样，谁都不会误会，他似乎还能听懂我说的每一个词。一想到让他整夜都在野外，第二天还有找不到的危险，我就心如刀绞。让他冒险似乎是不可能的。为了强迫他试着承受被抛弃的恐惧，我躲藏在一个小丘的后面，做出一副要离开他，让他听天由命的样子。但是这一招却没有奏效，他只是坐下来彻底绝望了，痛苦地呻吟着。所以，我藏了几分钟后又重新回到裂缝边缘，用严厉地口吻冲他喊道，说我现在必须离开他，我不能再等了，如果他不过来，我能答应他的只能是明天再回来找他。我警告他，如果他回到树林里，就会被树林里的狼吃掉。最后，我又一次用语言和手势催促他快点过来，快点过来。

他非常清楚我的意思，最后，在绝望的逼迫下，他安静下来，屏住了呼吸，蹲在我安放我膝盖的那个洞的边缘，用身体抵住冰面，似乎是在利用每一根毛发的阻力，紧盯着第一步，把小脚聚拢在一起，慢慢地在边缘上滑动，慢慢地滑了下来，把4只脚聚拢在一起，几乎完全用头倒立着。之后，我透过风雪中看到，他没有抬起腿，而是一步一步用着相同的方法从一个台阶边缘下到另一个台阶的边缘，最后到达了桥边。接着，他就像钟表秒针摆动似地缓慢而有规律地抬起脚，好像在数着一二三，让自己在大风中保持稳定，每一小步都小心翼翼，慢慢他来到了悬崖脚下，而我也跪着弯下身体伸出胳膊，好让他成功地跳到我的胳膊上。他在这里停了下来，死一般的寂静，这里也是我最害怕他掉下去的地方，因为狗最不擅长的就是向上爬。我手里没有绳子，如果我有绳子，我就能打一个索，套在他头上，把他拽上来。但是，当我正在思考能不能用衣服做一个索套时，他敏锐地看着我之前凿的一系列槽口台阶和手抓的地方，就好像在数有多少，在心里默记着每一个的位置似的。然后，他突然弹了上来，用爪子迅速钩住每个台阶和每个槽口，速度那么快，我都没有看清过程，他就嗖地越过我的头顶，最终安全到达！

这是多么壮观的场面啊！"干得好，干得好，小家伙！勇敢的小家伙！"我大叫道，试着去抓住他爱抚他，但是却抓不到。在此之前，以及在此之后，我从来没有见过他情绪上有大起大落，而此时他由深深的绝望转眼间便化为狂喜、洋洋得意和无法自控的欢乐。他极度疯狂地炫耀着，东奔西突，大喊大叫，像旋风中的树叶一般不停地翻跟头，转圈，让人头晕目眩。然后，他又躺下，打滚，侧翻身，咬尾巴，同时嘴里喷涌出大量激昂的歇斯底里的叫声、呜咽声、气喘吁吁的咕哝声。我朝他跑过去，摇晃着他，担心他激动得猝死，他却窜出了两三百码远，步伐快得看不清楚。而后，忽然转头向我飞奔，扑到我脸上，差点把我扑倒在地，嘴里尖叫着，喊叫着，好像是在说，"得救啦，得救啦，得救啦！"然后，他又跑开了，突然脚在空中蹬了好几次，身体颤抖着，快要哭了。这样激动的情绪足以要他的命。摩西在度过红海逃离埃及后唱庄严的胜利之歌（song of triumph）的时候也没有他这么激动。这个木讷的小家伙，在这场生死攸关的骚乱中却表现出非凡的耐力，有谁能猜得到他会具备这样的能力呢？有谁知道这个小家伙能够高兴成这样呢？谁都会情不自禁地跟他一起呐喊欢呼的！

但是我没有什么其他办法来缓解他大喜大悲的情绪。于是我跑向前，声音冷冷地叫他，因为我们必须向前走，要他不要胡闹了，我们还有很长的路要走，天也快黑了。我们再也不怕类似的考验了。上天肯定让每个人一生中经历一次，一次也就够了。前面的冰原有成千上万个大裂缝，但它们都相当普通。劫后余生的喜悦像火一样在我们心中燃烧，我们不知疲倦地向前跑，每一块肌肉都在跳，都显示出无穷力量，让我们顿生自豪。斯蒂金用自己的方式越过每一个障碍，没到天黑他就恢复了正常，像狐狸那样小跑了。最终，我们看到了云雾弥漫的山，很快我们便发觉脚下出现了坚硬的岩石，我们安全了。之后我们开始感到虚弱了。危险已经没有了，我们的力气也快没有了。我们跟跟跄跄地在黑暗中从侧面跑下冰碛，越过卵石和树桩，穿过灌木丛，以及我们早晨避难的小树林的北美刺人参树（devil-club）树丛，越过最后一处冰碛平缓的斜坡。我们在10点左右到达营地，发现营地有一个大火堆和一顿丰盛的晚餐。一群胡纳印第安人（Hoona Indian）前来拜访杨，给他带来了鼠海豚（porpoise）肉和野草莓。猎人乔猎到了一头野山羊。但是我们却躺下了，筋疲力尽，吃不了太多，很快便睡着了，梦里焦虑不安。曾经有人说过，"工作越累，睡得越香。"他肯定没有体会过这种强度的劳累。斯蒂金在睡觉时保持着跳跃的姿势，嘴里咕咕的叫着，毫无疑问是梦到了自己还在裂缝的边缘；我也一样，从这天开始一直到以后很长时间，只要是特别累的时候，梦中就会情景重现。

从此以后，斯蒂金就像换了一条狗一样。在接下来的旅途中，他不再自己待着远离他人，而是经常躺在我身边，争取常常可以看到我，无论别人的食物多么诱人，都不会去接受，一小口都不吃，只吃我给的食物。到了晚上，篝火周遭一片寂静的时候，他就会来到我身边，头枕在我的膝上睡觉，脸上一副忠诚的表情，好像我是他的上帝。他常常看着我的眼睛，好像要说，"我们在冰川上共度的那段时光是不是糟透了？"

时隔多年，哪天都不能使阿拉斯加暴风雪的那一天在我心中黯

北美刺人参树

北美刺人参树的果实

大鳞大马哈鱼

褐鳟

然失色。当我写下这一天的时候，所有的一切都轰隆隆冲进我的脑海里，好像我又重新回到了了当年。我又看到了那带着雨雪风暴飘飞的乌云，冰冷的树林上面是冰崖，是壮丽的冰川瀑布，白色山泉前面绵延着广阔的冰川地带，冰川的中心是巨大的裂缝——象征着死亡峡谷的阴影——低空的云彩在裂缝上方拖曳而行，大雪落在裂缝里。在裂缝的边缘，我看到了小斯蒂金，我听到了他求助的呼唤，还有喜悦的欢叫。我认识很多狗，我可以讲很多他们智慧忠诚的故事；但是没有一只像斯蒂金一样让我感激不尽。他最初是最没有前途，最不被看好的，是我最寂寂无名的犬友，却突然成了他们当中最引人注目的。在风雪中，我们为了求生而战斗，让我发现了他，而通过他，就像通过一扇窗户，我从此带着更深刻同情看待我所有的同类。

斯蒂金的朋友都知道他最后的结局。这一季节性的工作结束以后，我便离开去了加利福尼亚州，从此以后就再也没有见过这个亲爱的小家伙。在我一而再、再而三的询问下，他的主人写信回复我，说1883年的夏天，他在兰格尔堡被一个游客偷走了，之后被带上蒸汽船离开了。他的命运完全裹在谜里。毫无疑问，他已经离开了这个世界——越过最后一道裂缝——去了另一个世界。但是，他是不会被忘却的。对于我来说，斯蒂金是不朽的。

同在檐下

猫

　　我们到达森林不久，除了父亲已经带来的动物，有人又给我们添置了一只猫和一条小狗。那只猫很快就有了幼崽，看她喂养幼崽，保护幼崽，训练幼崽，是一件有趣的事。当那些小猫有能力离开窝出来玩的时候，猫妈妈就会出去捕猎，给他们带回来各种鸟儿和松鼠，大部分是地松鼠（ground squirrel），在威斯康星州叫"囊鼠"（gopher）。当她距离小木屋大约12码远的时候，会发出特别的声音，宣布自己回来了，那些熟睡的小猫就会马上跳起来跑去迎接她，比赛看谁能先吃到第一口，其实他们也不知道是什么食物，我们也会跑去看她带回来了什么食物。接着，她会躺在那里休息几分钟，欣赏她那正在享用美味的的家人，之后再次消失在草丛和花丛里。就这样，每半小时左右就会进出一次。有时候，她带回来的鸟我们见都没见过，还会不时地带回鼯鼠（flying squirrel）、花栗鼠，或者稍大一点的狐松鼠（fox squirrel）。我和大卫当时正是那样的年纪，视这些生物为神奇，把他们看作是我们新世界的奇特居民。

狗

那条小狗是黑白短毛杂种狗，是一条普普通通的狗，可是在我们眼里却不同寻常，我们给他取名叫"沃齐"（Watch）。我们经常在晚上家里跪着做礼拜之前，当日光还在小木屋里流连的时候，给他一盘牛奶喝。比起参加礼拜，我更多的是研究在我们身边玩耍的这些野生小动物。田鼠在小屋又蹦又跳，好像小屋就是专门为他们而建的，他们的表演也确实趣味横生。一个寂静闷热的黄昏，这是蛾子和甲虫喜欢的时节。小狗在那里舔着牛奶，我们跪坐在一旁，一只肩膀宽阔厚实、老鼠大小的甲虫从门外飞了进来，他在屋子里嗡嗡嗡、隆隆隆地飞了两三圈，暮色中盘子里的白色牛奶吸引了他的目光。这只甲虫瞄准牛奶，侧着身子向下飞，啪地一声落在了闪闪发亮的牛奶盘中间，就像鸭子飞落湖中。小沃齐从来没有见过这样的甲壳虫，于是开始后退，惊慌失措地盯着那只试图在牛奶里游泳的黑色爬行怪物，一声不吭。稍稍从恐惧中回过神过来以后，他开始冲着甲虫叫，围着牛奶盘子一圈圈地转，大喊大叫，嗥叫着，那样子就像老狗冲着野猫或狗熊叫的样子。在这样美妙的世界里，小狗在对自然的惊奇和好奇中上了自己的第一堂昆虫课，这场景是这么有趣，我情不自禁地哈哈大笑，根本停不下来。

爱撕咬的乌龟是树林里的常客，我们喜欢看他像斗牛犬似地咬着木棒不松口的样子。我们为了好玩，把沃齐介绍给这些乌龟，高兴地看着他在与乌龟们在熟识的过程中好奇的举动。有一天我们帮助一只最小的乌龟咬住了沃齐的耳朵。沃齐冲了出去，把头歪向一边，大声叫着，大惊失色，而乌龟像奇怪的爬虫一样使劲执著地咬着，越咬越紧——这样的娱乐让他羞愧，甚至对于野孩子来说也不例外。

囊鼠

麝鼠

　　就一个玩伴来说，沃齐似乎太过认真了。他学会的本领比任何一个陌生人想象得要多：他是一条勇敢而忠实的看门狗，青年时期是一个不可一世的勇士，可以控制邻里的狗。我们很快就了解到，与我们相比，虽然他不能读书，但是他会读脸，对人的性格判断得非常准确，通常都会知道正在发生什么，也能知道我们要做什么，而且很愿意帮助我们。我们能尽力和他跑得一样快，看得和他一样远，或许听力也差不多，但是他的嗅觉绝对要比我们强十万八千里。在一个寒冷的冬日清晨，大地上白雪皑皑，我注意到他离开被窝，打完哈欠伸懒腰的时候，突然发现了让他兴奋的气味，于是在房子角落里走来走去，专心致志地看着西面那块狭长土地的对岸，我们称之为"西岸"，急切地用颤抖的鼻子从空气中探寻答案，接着毛发竖立，就好像他确定那个方向危险，并且实际上也看到了危险似的。他飞奔到河边，我紧随其后，很好奇他的鼻子到底嗅到了什么。站在河岸的最高处，可以把我们湖泊和湿地北麓一览无余，等我们到达那里时，我们看见一个印第安猎人拿着一把长矛，一个麝鼠（muskrat）从一个巢穴出来进入另一个巢穴。猎人小心翼翼地靠近，很小心，以免弄出一点声响，然后，突然用矛猛地向巢穴刺去。如果瞄得准，长矛就会刺穿那正蜷缩在舒适巢穴里的可怜的麝鼠。这个巢穴是他在秋天的时候那么用心搭建起来的。当猎人感觉到他的长矛在颤抖时，他就会用他的印第安战斧挖开满是青苔的巢穴来获取猎物——肉可以用来吃，皮毛可以卖一毛左右。这是一堂对狗的敏锐进行考核的实物教学课程。印第安人在距我们半英里远的林木茂盛的山脊那边。假如猎人是个白人的话，我想沃齐就不会注意他了。

　　当沃齐六七岁的时候，他不仅性格乖戾，只做自己想做的，而且开始学坏。近邻指控说，曾经亲眼看见他逮住并吞吃了一窝小鸡，有几只甚至是刚刚孵化出一两天的小鸡。我们从没有想过他会做出这

样恶劣的事情，已经不像狗的作为了。他在家里却从来没有这么做过。但是好几家邻居都声称说他们看见沃齐屡次作案，坚持要求把他打死。最终，尽管我们用眼泪抗议，他还是被判定有罪，被处死了。被处死以后，父亲检查了这个可怜家伙的胃，想要寻找确凿的证据，我们在他的胃里发现了八只他刚刚吞掉的小鸡鸡头。可怜的沃齐就这样被处死了，就因为他太爱吃鸡了，像我们人类一样。想想那些会说教和祈祷的男人和女人，他们杀死和吃掉了成千上万只雏鸡，还有其他的动物，无论大小老幼，吃完后还要信誓旦旦地祈祷希望要一个和平的、没有血腥的千禧年！想想五六十年前，旅鸽在森林里，在天空中，布满了大半个美洲大陆，而现在他们被斩草除根，幼鸟被射杀，他们的蛋以及正在孵蛋的鸟儿被消灭，在他们还没有展翅之前杀戮就已经开始了；还用网扑杀旅鸽来喂肉猪，等等。当这些动物吃我们的食物，干扰了我们的乐趣，干扰我们做工，他们就被或做衣服或装饰，或者仅仅是被用来进行残忍的娱乐活动，这些动物同伴已经身处险境。值得庆幸的是，他们中还有一些太小，我们看不到，在我们无法达到的地方享受着他们的生活。看着上帝用巨石记录的千百万年以前的世界，我们得知，在人类出现之前，有各种各样大大小小的生物，数量不计其数，在上帝的关爱下享受幸福的生活，为此，我们深感慰藉。

马

　　因为我是家里最大的男孩，所以就担任起照顾家用劳动的第一批马的责任。她们的名字叫诺博（Nob）和尼尔（Nell）。诺博冰雪聪明，很招人喜爱，她学啥会啥。尼尔则完全不同，尽管我们想方设法地教会她做大量的马戏动作，但她似乎从来不愿意跟我们玩耍，不像诺博那样讨人喜欢。有一天，我们把她们放到牧场，一个印第安人藏匿在灌木丛后，在草地上放了一把火后突然跳了出来，成功地抓到了诺博，给马的下巴套上马笼头，用缰绳拴住马笼头，骑着她飞奔到了三四十英里远的格林湖边（Green Lake），想把她卖掉，换15美元。我们都肝肠寸断，就像是走失了一个家人似的。我们四处寻找，最初都不敢想象她会变成什么样子。我们在一处栅栏断裂的地方发现了她的踪迹，在跟踪了几英里后确信那就是诺博的踪迹。邻居告诉我们，说他看见一个印第安人骑着一匹马迅速穿过森林，那匹马看起来像是诺博。但是此后我们就没有任何发现新的线索，直到她丢失的一两个月后，我们都已经放弃希望，以为再也见不到他了。就在这时，我们听说一个农民在格林湖从印第安人手中夺回了诺博，因为这位农民看到诺博钉过马蹄铁，身上还有马具磨的痕迹。当印第安人要把诺博卖掉的时候，农民说："你是个小偷，这匹马是白人的马，是你把她偷来的。"

"不是，"印第安人说，"我是从大草原上的人家买的，她一直都是我的。"

农民指着诺博的马蹄以及带过马具的痕迹说："你撒谎。我要把这匹马从你身边带走，带到我的牧场上，如果你胆敢在她附近出现，我就放狗咬你。"后来这位农民贴出了广告。我们的一位邻居偶然间看到了这则广告，把这个好消息带给我们。当父亲把她带回来的时候，我们都欢喜异常。那个印第安人一定非常粗暴地对待过她，因为我几年后骑着她穿过牧场去寻找另一匹马的时候，经过她被抓的地方时，她站在树干旁盯着那片灌木丛，害怕那个印第安人还藏在那里，然后蹦出来。她情绪激动，浑身颤抖，心跳声音很大，我骑在马背上都能听得一清二楚，砰，砰，砰，就像鹧鸪的声音。看来她对那段可怕的经历记忆深刻。

她是个了不起的宠物，全家人都爱她。她能很快学会一些把戏，我们叫她的时候，她会马上跑来，无论我们对她说什么，她似乎都能明白，对我们的友好表现出高度的信任。

过去，我们经常在秋天砍玉米，把玉米堆起来然后剥皮。直到一个热心的北方人在我家过夜，告诉我们一些省力的概念，说服我爸爸不用砍玉米秆，在冬闲的时候再去剥玉米，之后让牛吃玉米叶，踏平玉米秆，这样来年春天就能耕种了。运用这种冬季劳动的方法，我们每人收两垄玉米，然后把他们去皮放在篮子里，把地上的玉米收了起来，装了满满15—20筐，用四轮马车把玉米收进粮仓。这是份苦差，是在严寒的天气里做的工作，气温通常会在零度以下，地上覆盖着干冷的雪，作物都冻伤了，人的手也冻伤了——这真是让人痛苦的改变，原来是在印第安那州的夏季剥皮，那时候，空地上到处都是又大又黄的南瓜——金色的谷子，金色的南瓜，在雾蒙蒙的金色季节里收获。这确实是让人难过的改变，不过，我们有时也会在刺骨的严寒里，在我们周围出现的饥饿的、冻得发抖的草原榛鸡（prairie chicken）、松鼠和老鼠身上找乐子。

地上的谷堆通常会放置几天，当我们把玉米装进四轮马车的时候，我们总会发现玉米堆里会有田鼠——体型硕大，鼻子扁平，气味很大。人们常常告诫我们要杀死这些老鼠，因为他们在一点点啃食玉米粒。我曾经逮到过一只，当这只老鼠还有体温的时候，我把它拿到诺博鼻子前让她闻老鼠的气味，看她唯恐避之不及做鬼脸的样子。我会对她说："给你，诺博"，像是给她一块糖似的。一天我给他带来一只特别诱人、特别肥硕、特别丰满的老鼠，胖得有点像美洲土拨鼠或麝鼠。让我惊讶的是，诺博心存疑惑，在小心谨慎地闻过之后，好像想探知我给她带来了什么礼物似的，用上嘴唇前后摩擦着我手里的老鼠，从容地放进嘴里，将老鼠咬碎，用力嘎吱嘎吱地咀嚼着，然后，把老鼠的骨头、牙齿、脑袋、尾巴，一点不剩，全都吞了下去，连一根老鼠毛都没剩下。她咀嚼的时候，还不停地点着头，嘴里哼哼着，似乎是在细细地品味。

　　我父亲对宗教活动非常热情，他会去参加各种各样的宗教会议，特别是复活节集会。这些集会有时会在夏天召开，但多数是在冬天，那时候雪橇很好用，而且大家都有大量的时间。在一个炎热的夏天，父亲骑着诺博到波蒂奇（Potage），返程是一段24英里的沙路。天气湿热难耐，显然为了按时回家参加集会，父亲一路策马，她被赶得劳累过度了。我永远不会忘记那天夜里，当我给她解开绳子时候她那疲劳不堪和萎靡不振的样子，不会忘记她在马厩里无精打采、疲惫不堪的样子，连吃东西和躺下的力气都没有了。第二天，很明显，她的肺部开始发炎，那可怕的症状和我得肺炎的时候一模一样。父亲带着她去找一位卫理公会派（Methodist）牧师，这位牧师精力充沛，本领高强，一人身兼数职：铁匠，农民，屠夫，马医和牧师。但是他的所有的天赋异禀和娴熟技艺都没有奏效，诺博已经在劫难逃。我们给她洗头，试着让她吃些东西，但她什么也吃不下。在接下来的几周时间里，我们把她的缰绳解开，让她在房子周围活动，让她看着我们，同时她也忍受着疲倦和死亡前的孤独。她试着追随我们这些孩子，让我们永远做她的朋友、工友和玩伴。这让人大为感动。她咳过几次血，在她生命最后一天的上午，她又开始咳血，喘着粗气，浑身颤抖地走向我，带着一脸的哀求和心碎。我给她洗了头，试着让她平静下来，安抚、爱抚着她。她躺下了，喘着，死了。全家人都聚集到她身边，心如刀绞，泪流满面。然后让她尘归尘，土归土。

　　她是我所见过的最忠实，最聪明，最爱玩，最讨人喜欢，最像人类的马，她赢得了我们全家人的心。对于一个男孩的农场生活来说，在诸多的好处中，最宝贵的就是能学到真正的众生平等的知识，学着去尊重他们，热爱他们，甚至是赢得他们的爱。这样以来，神一般的同情心会比学校和教堂的说教生长得兴旺和蔓延得深广，因为学校和教堂里只会告诉你令人厌恶的、盲目的、没有爱心的教义，他们只会告诉你：动物既没有思想也没有灵魂，他们无权得到我们人类的尊重，他们就是为我们人类而生的，被我们当成宠爱、掠夺、杀戮和奴役的。

失控的故事

旅　鸽

　　第一次见到一群旅鸽飞到我们农场是值得纪念的大日子，他们让我想起在苏格兰上学时读到的关于旅鸽的故事。在我们看来，所有在威斯康星州上空飞过的上帝的有羽一族，似乎没有哪一种鸟儿比旅鸽更美妙。这些漂亮的漫游者成千上万，成群结队，像风一样，伴随着季节的变化，从一个气候带飞到另一个气候带，在一个个相距千里的森林和原野寻找食物——橡果（acorn）、山毛榉果（beechnut）、松子、红莓（cranberry）、草莓、蓝莓（huckleberry）、刺柏果（juniper berry）、朴树果（hackberry）、荞麦（buckwheat）、稻米、小麦、燕麦、谷子。我曾经在秋天见过一群群旅鸽以每小时大约四五十英里的速度向南飞，从地平线一端飞往另一端，整整一天，川流不息。这只庞大的队伍就像是天上一条巨大的河流，忽而宽，忽而窄，下降的时候像大瀑布和小瀑布，而后突然从这里或者那里升起，参差不齐，像高高溅起的的巨大水花。他们一天飞行的距离——一年飞行的距离——一辈子飞行的距离，该是多么奇妙的距离呀！当暖阳在春天刚刚融化积雪的时候，旅鸽就飞到了威斯康星，落到树林里去吃掉到地上的橡果，那是去年秋天他们没吃上的。一小群为数不多的旅鸽拉开

山毛榉

山毛榉
果实

长长阵线，一直向前，可以在几分钟之内，把几千英亩地上的橡果吃得一干二净。每只鸟都能分享到食物，前头的鸟儿一落下，后面的鸟儿便立刻补位，成为前锋，整个鸟群就这样不断地后队变前队，像转动的轮子，拍打翅膀发出低沉的隆隆声，这声音很远都能听得到。旅鸽夏天以小麦和燕麦为食，当他们饱餐一顿美味佳肴，在田野边上的树上休息的时候，这时候是很容易接近的。当我们与他们的距离非常近了以后，能够看到他们忽而向前、忽而向后伸脖子，展现出漂亮的彩虹色。每支枪都瞄准他们，因为人人都爱吃鸽子派。极少数不吃鸽子派的人，也会为这些奇妙的鸟儿的美丽而举起枪。雄性鸽子前胸是精美的玫红色，脖子往下背面的颜色由胸前的红色依次变成金色、翡翠绿和深红色。上半部分的整体呈现出淡淡的灰蓝色，下半部分呈白色。最长的旅鸽长度为17英寸，那精巧标准纤细的尾巴大约8英寸，展开的翅膀有24英寸。雌鸟也差不多同样漂亮。当他们第一次飞落到我们手掌上，"哦，这是多么，多么美丽的鸟呀!哦，瞧瞧这颜色！看看他们的胸脯，像玫瑰一样漂亮，他们的脖子通红，跟奇妙的林鸳鸯一模一样。哦，多么，多么美丽的生物啊，他们让人惊艳！他们是从哪里来，又要到哪里去呢？杀了他们简直就是一种罪恶！"听到这些话，那些自以为是，经验老道的罪人会辩解说："是，杀了这些美丽的生物确实很遗憾，可他们天生就该被杀的，就是送给让我们食用的，就像当年上帝选择了鹌鹑，让那些困在红海边上沙漠里饥饿的以色列人食用一样。我必须坦白，肉从来不是储藏在整洁、漂亮的包装里的。"

在新英格兰和加拿大的森林地区，山毛榉坚果是旅鸽最好，也是最多的食物。再往北一些，旅鸽的食物是红莓和蓝莓。在北方，当冬天来临之际，什么的食物都没有的时候，旅鸽会向南飞，寻找稻米、谷子、橡果、山楂果（haw）、野葡萄、沙果（crab-apple）、活力果（sparkle-berry）等。他们似乎要飞越大半个大陆寻觅食物区，从一个餐桌飞到另一个餐桌，从一片田野到另一片田野，从一片森林到另一片森林，一年四季都在寻找成熟的、有益健康的食物。印第安纳州的夏季气候宜人，旅鸽在飞往南方的时候，会飞得很高，一个跟着一个，一群鸟中领队的头鸟可能在前方上百英里地方。然而，当旅鸽遇到顶头风的时候，他们会利用地面的高低不平来避风，飞得会很低。虽然遥远的山川河谷一眼望不到边，但所有旅鸽都毫不犹豫跟随着头鸟在山川河谷上空上下翻飞，转向，垂直飞行，水平飞行，大家共进共退。最大的鸟群会绵延好几个州，横跨不同的气候带。

我们农场附近从来没有出现过旅鸽栖息和繁殖的地点，一大群鸟儿消失在天际以后，我就再没见过他们。因此，在此我引用奥杜邦（Audubon）和波加冈（Pokagon）栩栩如生的描写。

奥杜邦说道，"傍晚他们出发去栖息地，这地方可能有几百英里远。有一处在肯塔基州格林河（Green River）岸边，约3英里宽，40英里长。"

"我第一次看到这个地方，"一位伟大的博物学家说，"是这里被鸟儿选中的两个星期之后，我大约是在日落前两小时的时候到达的。我在那里没有看到几只鸽子，反而看到很多人带着马和四轮车，装备着猎枪、长杆、硫磺壶、松枝火把等，看样子他们早就在边界上扎营了。还有两个农民往上游大约100英里的地方赶了300头肉猪，等着用猎杀的旅鸽喂猪。到处都能看到雇佣来的人坐在一堆鸟的中间给旅鸽拔毛并腌制。鸟粪在地上堆叠了有几英寸之高。许多直径2英尺的树在距离地面不高的地方被砍断，许多高大的树的树枝都被折断，就好像森林刚刚遭受过龙卷风袭击一般。"

"夕阳西下的时候，一只鸽子也没有来。突然，有人大喊道——'它们来了！'尽管鸟儿们距离还很远，它们的声音还是让我想起刚

收起帆的船遭遇到大风的情形。没过多久，成千上万只的鸟儿被拿杆子的人打了下来，鸟儿不停地落下来，火光通明，让我看到了让人过目难忘然而却是恐怖的一幕。旅鸽落得到处都是，一只落到另一只上，直到所有树枝上都落满了旅鸽。很快，树枝在重压下折断，鸽子暴跌下来摔死了，还砸死了下面很多旅鸽，每个树枝上挂的密密麻麻的旅鸽被打落，一幅骚乱和混乱的场面。我发现，对离我最近的人大声喊叫，对方都听不见。尽管很少听到枪声，只有看到子弹上膛时我才意识到他们开枪。没有人敢越过那条毁灭之线。肉猪现在已经被适时地关了起来，只有到明天早上他们才会去寻找那些死亡和受伤的鸽子。鸽子还在不断地飞来，等我察觉到鸽子飞来数量开始减少的时候，已经是后半夜。喧闹声持续了一整夜，我急于知道这吵闹的声音传多远，于是派了一个人出去查看。2个小时以后，他回来了，告诉我说在3英里外，声音都听得一清二楚。"

"到了第二天的白天，吵闹声减弱了些。在我们能看清楚东西之前，旅鸽飞离了这里，方向和昨晚飞来时截然相反。当太阳升起的时候，所有能飞的旅鸽都已消失得无影无踪。狼的嚎叫声传到我们的耳朵里，于是，我看到狐狸，猞猁（lynx），美洲狮（cougar），熊，浣熊（coon），负鼠（opossum），黑足鼬（polecat）也溜走了。与此同时，很多种类的雕和鹰，在一群秃鹫（vulture）的陪同下来争食，一同分享这些人类的战利品。"

"之后，这些破坏的始作俑者走进这片死亡、垂死和受伤的旅鸽中间。这些鸽子被捡起来装进袋子，堆成堆，直到他们装够了为止，肉猪已经放开了，剩下的旅鸽就留给肉猪去享用了。"

"对于繁殖地点的选择，通常会参考是否有充足的食物以及大量相关因素。在这一阶段，旅鸽的叫声是'咕咕咕'，和家养的鸽子相似，但比家鸽的声音短促。他们用喙进行爱抚，在孵蛋时期，雄鸟

奥杜邦

给雌鸟喂食。随着幼鸟的渐渐长大，造物的暴君——人类出现了，打破了这一安宁的画面，他们扛着斧头去砍那些尚未长成的小树，他们对树林的破坏和毁灭的卑劣行为已经不仅仅局限于旅鸽的栖息地了。"

受过良好教育的印第安人作家波加冈说过："我在威斯康星看到过一片鸟巢地，大约有100英里长、3到10英里宽。虽然有些树还相当低矮和繁茂，但每棵树都有鸟巢，1到50个不等。有些鸟巢还搭在橡树、铁杉或松树中间。打鸽子的猎人攻击这片繁殖地的时候，他们有时会砍掉上千英亩的木材。成百万只鸽子会被以盐粒和谷物为诱饵的网所诱捕。有时还会有一些大帆船满载着鸟儿开往纽约，在那里，1美分就可以买到一只旅鸽。"

野兔如潮

生活在低地的长耳大野兔（jack rabbit），尤其是那些生长在圣华金或是萨克拉门托盆地开阔的山麓处的野兔，由于生存环境的恶劣，数量会相对稀少。但是当羊群与牛群开始繁衍，麦田和果园里纷纷挂上沉甸甸果实的时候，野兔们就有了食物，这一啮齿类动物的队伍就开始发展壮大起来了。与此同时，那些以长耳大野兔为食的动物，特别是郊狼、金雕（golden eagle）和体型大一点的牛蛇（gopher snake）却遭到了毁灭性的捕杀。郊狼们时不时会去追猎一只羔羊、小牛或是虚弱的老羊，这就成为他们遭到捕杀的缘由。

长期以来，为了达到对郊狼赶尽杀绝的目的，当地牧民所赚的微薄利润10美元中的5美元都用在了猎杀郊狼身上。饲养牛和羊的农场主们将士的宁（strychnine）这种有毒物撒在旁边。对金雕而言，他们主要是以长耳大野兔为食，尽管他们对农场没有构成威胁，却还是

红泥炭藓
中的红莓
（越橘类）

橡树的
果实

负鼠

因为掠食者的身份遭到了人类的杀害。至于蛇，也因为是蛇，所以没能逃过这一劫。当然，生物平衡的打破，自然地导致野兔的数量持续激增，其数量已远远超出其他物种。加利福尼亚州长耳大野兔的天敌遭到荼毒，加上食物颇丰，他们的数量一直在成倍地增加，他们大量进食青草、燕麦或小麦，果园或葡萄，直到对这些作物构成了威胁，人类才被逼无奈开始反抗。农场主们纷纷拿起枪来防卫，猎杀野兔，或试图用毒药，但是这些努力都不过是竹篮打水，无论人们怎么加大力度，成效都不显著。直到人们发现可以修筑高高的畜栏或墙砌的栅栏，保持在野兔不能跃过的高度，长度慢慢从半公里再到一公里，越扩越长。紧接着，所有邻居召集在一起，老年人和青年人、男人和女人、男孩和女孩，有的骑着马，有的坐在马车里，更多的是步行，他们在指挥者的号召下散开来，慢慢将圈起的范围扩大，把兔子驱赶到了一起，再将他们慢慢赶进一条长长的小巷，范围不断地缩小，缩小，最终将他们圈进畜栏。很多时候，成千上万只兔子就这样驱赶一次就解决问题了。

同样的困扰也发生在海岸周边的一些乡村。起初，在这里打几个星期的猎都很难见到一只道格拉斯松鼠或地松鼠（spermophile）。但由于以北美地松鼠为食的诸如蛇、鹰、郊狼等动物相继遭到猎杀，他们的繁殖力又很强大，加之农田里的作物相继成熟，果园中也纷纷挂上了美洲地松鼠喜欢的水果，食物得到了充足的供应，他们的数量也多到对几乎所有作物都构成了威胁的地步，正是步了中部平原那些野兔的后尘。这里的人们每年同样要花费大量的钱财用于喷洒士的宁，或是用烟熏，用有毒的硒化镓来毒杀，但是这些也同样无一奏效。与北美地松鼠让人们付出巨大的代价相比，鹰偶尔吃几只鸡，狼不时地捕食些小牛或羊的这些损失都不值一提了。大自然的平衡一旦被打乱，诸如此类的惩罚就会接踵而至。

动物之死

　　一个宁静的夏日傍晚，一只红头啄木鸟（red-headed woodpecker）溺死在了我家的湖里。这个意外发生在湖最南端，那个令人难忘的，可以游泳的深水谭对面，几竿外就是几年前差点把我淹死的地方。大学放暑假期间我回到了老家，开始研究植物学。我当然是满腔热情地跑向了花园，那里有我深爱的朱兰花（pogonia）、美须兰类（calopogon）、紫萁蕨（osmunda fernery）、杓兰类（cypripedium），还有猪笼草（pitcher-plant）。太阳快下山时，白天的微风渐息，湖面如镜，倒映出树木繁茂的群山，随处可见点点漩涡，条条波纹和阵阵涟漪。不时可见鱼儿和龟（turtle）在探头探脑，麝鼠（muskrat）向前划行，扁平的尾巴扫出闪闪发光的轨迹，湖面上泛起阵阵涟漪。我在那里逗留了一会儿，恍惚间，忆起以前那段艰难的、喜忧参半的时光，看着我最喜欢的红头啄木鸟像其他霸鹟科鸟儿（flycatcher）一样追赶蛾子，我从急流中游了出来，经过湖心，游到北端再返回，环顾四周，欣赏着风景，像在沿着海滨漫步时那样。我研究动物的习性，因为平静如镜的水里记录和说明着这一切。

　　在回去的途中，就在差几百竿远我就要上岸的地方，我注意到一个拍打水面的声音打破了平静，这声音非常奇怪，不可能是一条跃出水面的鱼或者其他生活在湖里的小动物发出的声音，水面上如果突然冒出一颗头的话，造成的涟漪是那种浅浅的、向外扩散的、圈状的；

各种杓兰

朱兰花

石南类

也不是跳跃的鱼儿、潜水的潜鸟（loon）或麝鼠飞溅出的水激起的涟漪，这种涟漪会持续好几分钟。我快速游了过去，想看看发生了什么事，却发现一只啄木鸟铺开了双翅，一动不动地浮在水面上。一切都结束了。假如我早到一两分钟，我就能救了他。我推测他一定是在追赶一只蛾子时掠过水面，而在水面上又无法起飞，所以挣扎着死去了。跟我一样，我在在这里也曾经有过类似的经历。跟我一样，他也好像也在困惑和恐惧中失去了理智。水很温暖，假如他能把头伸出水面坚持一会儿，早晚都会漂上岸的。不论飞行的目的地有多明确，都会出差错，可这却是我第一次亲眼看到一只鸟溺水而亡。

　　毫无疑问，动物们遭遇意外是很常见的，远远比我们通常所知道的多。我曾经看到一只鹌鹑突然受到惊吓撞在我家房子上死了。还有一些鸟儿被自己窝里的毛发缠住死掉了。有一次，我在牧场上看到一只可怜的鹬鸟（snipe），由于蛋下不出来，所以飞不起来。我很同情这只可怜的成鸟，于是把她从草中捡起来，尽我所能温柔地帮了她，蛋一出来，她就欢天喜地地飞走了。我时常会想，一个人不可能多年来行走于丛林、山间和平原，却没见过地面上的斑斑血迹。大多数的野生动物从来到这个世界一直到离开这个世界，都没有被人注意过。然而，最后我们却发现他们和我们一样也要受制于命运的变化无常。很多鸟儿在暴风雨中丧命。我记得，那是一个天气恶劣的冬天，我在威斯康星州的农场橡树丛中发现了一群冻成冰的鹌鹑，因为气温在零下好几十摄氏度，积雪很深，妨碍了以地面上的食物为生的鹌鹑去寻找食物。他们挤成一个一英尺宽的圆圈，脑袋露在外面，紧紧依偎着取暖。他们没有经过挣扎就平静地死了，也许在很大程度上是因为饥饿而不是寒冷。还有很多小鸟儿在早春，甚至在夏天的风暴中丧生。在一个和煦春日的清晨，我从花草丛中捡回了20多只小鸟儿，大部分鸟儿在突然来袭的暴风雨和冰雹中丧生。

我冬天砍倒过一棵橡树，在这棵橡树根部的树洞里，我看到一只可怜的地松鼠，他在自己舒适的草窝里冻僵了，窝里贮藏着他收集的大量小麦。我把他带回家，在厨房里让他一点点地解冻，暖和过来。我希望他能像我之前在湖里冰窟窿里捉到的那条小梭鱼（pickerel）那样活过来，当时那条小梭鱼冻得像骨头一样硬，在炉边解了冻以后，就在厨子要动手刮鱼鳞的时候，他蠕动起来，想要从她手中逃脱，从桌子上跳了下来，在地板上乱蹦乱跳，弹跳很漂亮，好像是要找回家的路。可是，我却没能让这只可怜的地松鼠苏醒过来，他的尾巴缠在外面，身体蜷曲成一个球，就这样长眠了，生命结束了，一点儿也没挣扎。

杀手伯劳

在农民们相继抵达威斯康星州大森林（Wisconsin woods）之前，这里一种叫做囊鼠的动物，主要以野草以及草籽为食，但自从人类占林为耕后，这些动物渐渐地对农田中的小麦和玉米产生了兴趣，开始以粮食为食。囊鼠的数量增加得很快，也越来越贼，对农田的破坏也愈演愈烈，特别是在春天，当玉米地刚刚播种完了还没有盖上土的时候，由于他们学会沿着一垄地挖坑，每个洞翻出三四颗种子填进肚子，可怜的农民每每对这些行动敏捷的家伙们都束手无策。农民若不花巨大的代价来捕杀这些狡猾的盗贼，播种将会面临巨大的困难，往往要重复耕作两三次，即使是这样，还是会发现地里散落着一些大的盗洞，还有大片缺苗断垄的空白地。当谷物成熟的时候，这些囊鼠把谷物收集起来当作他们冬天的口粮储存在洞里。他们糟蹋这点儿粮食所带来的损失与他们偷吃春季播下的种子所带来的损失相比是微乎其微的，因为种子才是整个收成的依靠。

　　一天黄昏时分，我拿着父亲给我的一杆猎枪，被差去刚刚收割的残茬地里打囊鼠，那一天，我经历了与这些淘气的家伙相关的一件奇闻趣事，尽管当时这些家伙并没有做什么坏事。当时，我正在断茬地里晃悠，看看能不能找个机会打一枪，突然一只伯劳（Shrike）从我身旁擦肩而过，降落在了我身前30码的一小片空地上，空地就在一个囊鼠洞的洞口。他到底要干什么，我很好奇，于是就停下脚步静静地观察。只见他低下头看着鼠洞里面，那样子好像是在一直倾听着里面的动静，一会转过头来朝我这边望望，看看我有没有走过去，然后回过身，低下头听听看看，不一会儿又扭过头观察一下我的动静。我站在原地一动不动，他一直在抽动尾巴，似乎对自己是否要采取残忍的行动显得忧心忡忡，犹豫不决，但很快我发现他已经下定决心了。也许是因为我在一旁伫立，他觉得有了后盾，受到了鼓舞，他终于行动起来了，突然消失在囊鼠的洞里。

　　一只鸟儿像一只雪貂或者鼬鼠一样潜入洞穴，看起来真是很怪呢。我想，若是跑过去用手掌把洞口盖住应该很不错，把他囚禁在洞中，看看他怎么挣脱。有了这一想法，我就向前跑去，却在距离洞口不到15码远的地方停下了脚步，想着不去打扰他，看着接下来会自然而然发生什么事情，可能这样会更有意思。正当我聚精会神地站在那里盯着洞口倾听的时候，一阵骚动从洞中传来，中间还混杂着阵阵锐利的吱吱声，尖叫声还有哀嚎，这些无一不显示出黑暗的洞穴里正发生着某种恐怖事件。接着，一只半大的囊鼠宝宝，大概有四五英寸长，从洞口倏地蹦出来。他向前飞快地逃着，未做一刻停留，边跑边叫，慌不择路地穿过一个个庄稼残茬，离自己的家越跑越远。而一个又一个囊鼠宝宝跟着跑出来，到后来，大约6只囊鼠宝宝被赶了出来，尖叫着四处逃窜。这一刻，他们的家，那个甜蜜的港湾似乎已经成为了世界上最危险、最不愿意待的地方。接着跑出来的是伯劳，他飞到逃窜的囊鼠宝宝上方，朝他们俯冲下去，击打囊鼠的头盖骨后方的位置，一个一个将他们杀死。随后他抓住其中一只囊鼠宝宝，将他拖到一个小土块的顶端，为更好地起飞做准备。再一次起飞，一直到他落地休憩，他吃力地将囊鼠宝宝又带到了10—15英尺远的地方。紧接着，他又飞了同样一段距离，把囊鼠宝宝拖到另一个土块上。他一次又一次地重复着这一动作，直到成功地将一只囊鼠宝宝运到木栅栏上。这来之不易的猎物会有多少下肚，剩余的囊鼠宝宝又会怎样处理，我不得而知。此时已是日落时分，我该赶回去打理家中的杂务了。

呆头伯劳

灰伯劳

图书在版编目（CIP）数据

等鹿来/（美）缪尔（Muir, J.）著；张白桦，郝昱译. —北京：北京大学
出版社，2015.11
（沙发图书馆）
ISBN 978-7-301-26179-8

Ⅰ.①等… Ⅱ.①缪… ②张… ③郝… Ⅲ.①动物–普及读物 Ⅳ.① Q95–49

中国版本图书馆 CIP 数据核字（2015）第 186223 号

书　　　名	等鹿来
著作责任者	〔美〕约翰·缪尔 著　张白桦　郝　昱　徐国丽　袁晓伟　项思琪 译
责任编辑	王立刚
标准书号	ISBN 978-7-301-26179-8
出版发行	北京大学出版社
地　　　址	北京市海淀区成府路 205 号　100871
网　　　址	http://www.pup.cn　　新浪微博:@北京大学出版社
电子信箱	sofabook @ 163.com
电　　　话	邮购部 62752015　发行部 62750672　编辑部 62765217
印　刷　者	北京华联印刷有限公司
经　销　者	新华书店
	880 毫米 ×1230 毫米　A5　7.75 印张　100 千字
	2015 年 11 月第 1 版　2015 年 11 月第 1 次印刷
定　　　价	55.00 元